U0150628

河口近岸悬浮泥沙遥感监测研究

王重洋　陈水森　杨骥　李勇　周霞　李丹　王丹妮　著

中国水利水电出版社

www.waterpub.com.cn

·北京·

内 容 提 要

　　本书基于 1987—2015 年 Landsat 系列卫星长时间序列遥感影像数据，反演并分析了珠江、漠阳江和韩江河口近岸区域悬浮泥沙含量的空间格局特征、时序演变规律，探索了相关因素对悬浮泥沙含量时空变化的影响作用。研究发现珠江河口悬浮泥沙含量呈现显著的周期变化规律和降低趋势，而漠阳江河口和韩江河口悬浮泥沙含量虽然存在一定的降低趋势，但没有明显的周期变化规律。珠江、漠阳江和韩江口近岸区域悬浮泥沙含量的时空变化特征与流域水利工程的蓄水拦沙作用和降雨周期变化存在密切关联。

　　本书可供环境科学、遥感、地理信息等领域的科研、管理和工程技术人员参考，也可以供高等院校相关专业师生参阅。

图书在版编目（CIP）数据

河口近岸悬浮泥沙遥感监测研究 / 王重洋等著. --
北京 : 中国水利水电出版社，2020.6
ISBN 978-7-5170-8622-2

Ⅰ. ①河… Ⅱ. ①王… Ⅲ. ①遥感技术－应用－河口
泥沙－含沙量－监测－研究 Ⅳ. ①TV148-39

中国版本图书馆CIP数据核字(2020)第103187号

书　　　名	河口近岸悬浮泥沙遥感监测研究 HEKOU JIN'AN XUANFU NISHA YAOGAN JIANCE YANJIU
作　　　者	王重洋　陈水森　杨骥　李勇　周霞　李丹　王丹妮　著
出版发行	中国水利水电出版社 （北京市海淀区玉渊潭南路 1 号 D 座　100038） 网址：www. waterpub. com. cn E - mail : sales@ waterpub. com. cn 电话：(010) 68367658（营销中心）
经　　　售	北京科水图书销售中心（零售） 电话：(010) 88383994、63202643、68545874 全国各地新华书店和相关出版物销售网点
排　　　版	中国水利水电出版社微机排版中心
印　　　刷	清淞永业（天津）印刷有限公司
规　　　格	170mm×240mm　16 开本　7.25 印张　138 千字
版　　　次	2020 年 2 月第 1 版　2020 年 2 月第 1 次印刷
印　　　数	0001—1000 册
定　　　价	**48.00 元**

凡购买我社图书，如有缺页、倒页、脱页的，本社营销中心负责调换
版权所有·侵权必究

前言

FOREWORD

河口海岸是地球上三大圈层（水圈、土壤圈和大气圈）的重要过渡带，其生态环境状况深刻而广泛地影响着社会和自然环境中的诸多方面。悬浮泥沙是河口海岸生态环境的重要影响要素之一，精确高效监测水体悬浮泥沙含量、分析其时空变化特征，对河口海岸资源及生态环境的监测和保护，生物多样性、物质循环、全球变化以及可持续发展等多方面的研究都有重大作用和意义。本书建立了一种精度高、鲁棒性好的悬浮泥沙定量遥感反演模型，并结合 1987—2015 年的 Landsat 卫星长时间序列遥感影像数据，反演并分析了珠江、漠阳江和韩江河口海岸区域悬浮泥沙含量的空间格局特征、时序演变规律，探索了相关环境因素对悬浮泥沙含量时空变化的影响作用。

（1）建立了 QRLTSS 悬浮泥沙定量遥感反演模型。既有的水体悬浮泥沙定量遥感研究的模型多具有区域性和季节性特点，通用的模型相对较少。为了建立一种适用于多个河口海岸、悬浮泥沙含量差异显著的 Landsat 遥感反演模型，本书基于我国 5 个河口海岸区域的实测水体光谱和采样数据（2006—2013 年，119 组），在对既有大量悬浮泥沙遥感反演模型重新校验验证的基础上，通过优化和改进，建立了一个基于悬浮泥沙含量对数转换与近红外、红光波段反射率对数转换后比率的二次函数悬浮泥沙模型（QRLTSS）。相对于既有的 Landsat 悬浮泥沙遥感反演模型，QRLTSS 模型适用于多个河口海岸、悬浮泥沙含量变化显著的区域，精度更高。QRLTSS 模型决定系数约为 0.72

（TSS：4.3～577.2mg/L，N＝84），验证均方根误差（RMSE）优于25mg/L（TSS：4.5～474mg/L，N＝35）。

（2）QRLTSS模型遥感应用精度验证。基于Landsat遥感影像反演的珠江、漠阳江和韩江河口海岸区域的悬浮泥沙含量与同步/准同步的现场实测结果有很好的一致性（TSS：7～160mg/L，RMSE：11.06mg/L，MRE：24.1%，N＝22），表明QRLTSS模型具有较高的遥感精度和很好的鲁棒性。此外，本书基于同步的EO－1 Hyperion影像对QRLTSS模型做了进一步验证，结果显示，在浓度悬浮泥沙含量较高区域（珠江口—伶仃洋，TSS：106～220.7mg/L，N＝13），QRLTSS模型同样具有很高的验证精度（RMSE：26.66mg/L，MRE：12.6%）。

（3）珠江口悬浮泥沙浓度时空演变规律。珠江口Landsat卫星影像（1987—2015年，112景）的反演结果表明，珠江口悬浮泥沙含量空间格局变化显著（TSS：3.37～469.5mg/L）；受东四口门径流和潮汐的共同影响，珠江口自西北（223.7mg/L）向东南（51.4mg/L）方向上，悬浮泥沙含量逐渐降低，平均每千米降低5.86mg/L。季节规律如下。

1）洪季：①近30年以来，珠江口三滩两槽区域悬浮泥沙含量都具有显著的5～8年周期振荡变化，这种周期变化与珠江流域降雨周期变化的响应一致；②1987—2015年间，在珠江口区域，西部浅滩和西槽区域悬浮泥沙含量呈现出五个完整的变化周期，各个周期的时间转换节点分别为1988年、1994年、1998年、2003年、2010年和2015年；③中部浅滩、东槽、东部浅滩和珠江口中华白海豚国家级自然保护区（以下简称"白海豚保护区"）则只呈现出4个显著的周期变化（1994—1998—2003—2010—2015年）；④同时，研究发现1987—2015年间珠江口"三滩两槽"五个区域悬浮泥沙含量都呈现出显著的下降趋势，平均每年降低5.7～10.1mg/L，主要原因是该时期珠江流域上游大坝建设的蓄水拦沙作用；⑤2003年以前，白海豚保护区悬浮泥沙含量没有明显变化趋势，但是，自2003年6月白海豚保护区升级为国家级自然保护区后，悬浮泥沙含量显著降低，平均每年减少 9.7mg/L。上述珠江口悬浮泥沙含量的周期和趋势变化规律表明，流域人类活动对河口悬浮泥沙的长期变化趋势有显著影响，但对其周期变化规律影响很小，这说明珠江口悬浮泥沙含量的周期变化是一种很强的自然规律（预示着气候和环境的周期变化，人力无法抗拒）。

2) 枯季：珠江口悬浮泥沙含量无显著的变化规律，仅西槽和中部浅滩区域悬浮泥沙含量呈现微弱的升高趋势，平均每年增加 2.1mg/L 和 2.9mg/L。

（4）漠阳江河口海岸悬浮泥沙含量时空演变规律。基于 Landsat 卫星影像（1987—2015 年，37 景）反演的漠阳江河口海岸悬浮泥沙含量结果可知，该区域多年平均悬浮泥沙含量变化范围为 1.58～334.7mg/L，平均值为 55.83mg/L。悬浮泥沙高值区（TSS>120mg/L）在漠阳江河口西南方向的海陵大堤东侧、平冈镇和海陵镇之间的区域分布最为广泛。漠阳江河口海岸悬浮泥沙含量 80mg/L 等值线平均推远至距河口海岸 1.6km 处，最远可到离河口海岸 3.4km 处。漠阳江区域远离河口海岸方向上，悬浮泥沙含量呈现显著的降低趋势，变化速率约为 5.18mg/(L·km)。1987—2015 年，漠阳江河口海岸区域悬浮泥沙含量仅洪季出现了较弱的逐渐降低趋势，平均每年降低 2.9mg/L。漠阳江河口海岸区域枯季悬浮泥沙含量一般高出洪季 65mg/L，与珠江口洪、枯季悬浮泥沙含量高低情况相反。

（5）韩江河口海岸悬浮泥沙含量时空演变规律。由 50 景遥感影像（1987—2015 年）反演结果可知，韩江河口多年悬浮泥沙含量空间差异显著，平均值为 81.4mg/L，最大值为 392.2mg/L，最小值为 5.7mg/L。韩江各支流下游至入海口区域悬浮泥沙含量相对较高，发育大量"羽状锋"，特别是在各支流入海口区域，多呈"舌形态"和"喷流形态"。悬浮泥沙高含量区（TSS>120mg/L）在北溪入海口区域分布最为广泛。韩江河口海岸悬浮泥沙含量 80mg/L 等值线约推远至距河口海岸 5.1km 处，最远可到离河口海岸 10km 处。韩江区域远离河口海岸方向上，悬浮泥沙含量降低趋势明显，变化速率约为 7.56mg/(L·km)。1987—2015 年，韩江河口海岸悬浮泥沙含量洪季、枯季均无显著的周期变化规律，但都呈现显著的年际降低趋势，悬浮泥沙含量平均每年约减少 7mg/L（洪季）和 6.8mg/L（枯季）。与漠阳江相似，韩江河口海岸悬浮泥沙含量枯季一般也高于洪季，平均高出约 56mg/L。

（6）基于精度高、鲁棒性好的 QRLTSS 模型和长时间序列 Landsat 卫星遥感影像，对珠江、漠阳江和韩江 3 个河口海岸区域悬浮泥沙的空间格局和时序变化特征的分析，不仅有助于理解和把握河口海岸区域悬浮泥沙时空演变规律、认识人类活动对自然环境的影响作用，而且能提高河口、海岸和流域的管理和决策水平，促进流域可持续发展，发展新的研究方向，具有重要的理论价值和现实意义。

在本书的写作与研究开展过程中，广州地理研究所姜浩、陈修治、苏泳娴、刘尉、韩留生提出了宝贵意见与建议，陈金月、周慧、赵晶、黄浩玲、张晨、杨传训等提供了大量支持与帮助，得到了国家自然科学基金项目（41801364）、广东省重点自然科学基金（2018B030311059）、南方海洋科学与工程广东省实验室（广州）人才团队引进重大专项（GML2019ZD0301）、广东省引进创新创业团队项目（2016ZT06D336）、广东省科学院实施创新驱动发展能力建设专项（2020GDASYL－20200104006，2019GDASYL－0301001，2020GDASYL－20200302001，2019GDASYL－0501001）、广州市科技计划项目（201806010106）和越秀区创新创业领军团队项目的资助，在此一并表示感谢！

限于作者水平和时间，书中难免会有错误、纰漏，切盼广大读者批评指正。

作者

2019 年 12 月

目录
CONTENTS

第 1 章

绪　　论

1.1　研究背景与意义

　　河口海岸作为地球上三大圈层（水圈、土壤圈和大气圈）的重要交汇区域，不仅是最为敏感、最为复杂、生物产量最为丰富的水生环境之一[1]，而且是人类重要的开发和生活场所[2]（约 60% 的人口和 80% 的大城市集中于此，经济发达、人员密集），其生态环境的健康状况深刻而广泛地影响着社会和自然环境中的诸多方面。悬浮泥沙是最为显著的河口海岸水生生态环境影响要素[3,4]，其通过对太阳辐射的吸收、散射直接影响水体的光学性质如混浊度、透明度、水色等[5,6]，进而影响水生生态环境的初级生产力[7]。悬浮泥沙具有强烈的吸附作用，是多种营养盐分和污染物的重要载体，对地球生物化学过程产生着重要的影响[8]；河流作用下泥沙的运动变化是全球物质大循环的重要组成部分[9]，对地球物质循环特别是碳氮等生命化学元素循环具有重要的现实意义[10,11]。河口海岸悬浮泥沙含量不仅是通商贸易、交通运输、渔业生产等与河口海岸密切相关的经济生产活动十分关心的问题，而且也是沿岸区域规划、港口航道建设等社会环境可持续发展关注的重点[12,13]。精确高效监测水体悬浮泥沙含量、分析其时空变化特征，在河口海岸资源及生态环境的监测、评估、保护、持续开发与利用等多方面都具有重要的理论价值和现实意义，也能为相关领域、政府部门提供科学的参考和重要的决策依据[14]。

　　传统的站点式水体泥沙含量监测包括常规的水文站点记录分析、浮标观测记录和实地行船作业调查[15]。水文站点观测可以比较稳定、比较连续地获取数据，但水文站点的数量极为有限，并且只在河流近岸重要的空间位置上有分布；

行船作业调查相对更加灵活，能采集任意感兴趣位置的数据，但耗时费力[16]、效率低下[17]。总之，站点式的泥沙监测受到诸多因素的制约只能获取空间上离散的数据，现势性、实时性较差[18]，难以满足大面积、连续观测的要求[1,4,19,20]。

基于物理模型、数值模拟和实验室分析的方法进行河口海岸区域悬浮泥沙含量及其动态变化相关研究，对传统水体悬浮泥沙研究是一种很好的补充和延伸[21-25]，但是，当前这类方法仍然难以模拟自然环境下的复杂情况[26-30]。

遥感是 20 世纪六七十年代逐渐形成的一门新兴交叉边缘学科[31]。以其独有的可对区域乃至全球进行多尺度重复观测、信息含量丰富等优势，遥感技术得到了迅速发展并广泛应用于全球变化、生态环境保护、资源开发利用、土地利用/土地覆盖、地理国情信息监测和经济社会可持续发展等诸多领域[32,33]。自此，河口海岸悬浮泥沙相关研究也得以大力发展，方法在不断创新，技术手段也得到持续改善。已从定性描述发展到定量分析，从室内试验扩展到野外实时采集，从瞬时、局部制图发展到时序、大区域推演，已在多方面取得了富有成效的结果。但是，既有悬浮泥沙遥感研究多致力于定量反演模型的建立和精度提高，并且多数模型在应用时区域性和季节性特点显著、普适性不高；适用于多个河口海岸、悬浮泥沙高度分异的定量遥感模型相对较少[34,35]。此外，当前研究关注的重点多集中在少数著名大河、湖泊和海湾，其数据来源各异，时间上大多为历史状态，研究当前的，尤其是对未来预测预报工作鲜有报道[30]。

因此，本书研究尝试建立一个精度高、鲁棒性好的悬浮泥沙定量遥感模型，并结合基于长时序列遥感影像数据、现场实测数据、气象数据、基础地理信息数据等相关数据，以期分析河口海岸区域悬浮泥沙的空间格局和长时间序列变化特征，理解、把握其时空演变规律，探索其影响因素及作用机制及强度，为河口海岸资源及生态环境的监测和保护、生物多样性保护、全球物质循环、全球变化和可持续发展等方面提供科技支撑和决策依据。

1.2　研究现状

1.2.1　水体遥感理论基础

遥感（remote sensing），即遥远的感知，是指在不接触被观测目标的情况下，通过获取其反射、辐射或散射的电磁波（光、热、无线电等）、力场（重力、磁力等）、声波等信息，并进行分析应用的一门科学与技术[36]。不同的被观测目标具有不同的波谱特征，这是遥感的基本原理。

太阳光在水体中辐射传输过程的结果即对应水体波谱特征，即水体的表观光学特性（表观光学量，apparent optical properties，AOPs）和固有光学特性（固有光学量，inherent optical properties，IOPs）。水体的表观光学量会随光照条件及外部环境因素的变化而变化；而固有光学量仅与水体组分有关，主要包括水分子的吸收系数、散射系数和散射相函数，水中叶绿素的吸收系数、散射系数和前向后向散射系数，有色可溶性有机物的吸收系数，悬浮泥沙的吸收系数、散射系数和前向后向散射系数。总之，水体遥感反射信息包含了来自于底质、水体中内部光源、水体表面的镜面反射以及水体组分（悬浮泥沙、叶绿素、有色可溶性有机物）的吸收和散射等多方面特征。而各类传感器接收到的水体遥感辐射通量还包含了太阳光在大气传输过程中受到的大气分子、水汽和气溶胶等的散射、吸收和漫反射等的影响，如图 1.1 所示。

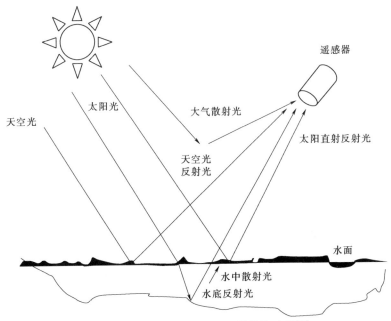

图 1.1　太阳光在水体中的辐射传输过程[37]

对太阳光在水体中的辐射传输过程而言，国内外专家学者以辐射传输理论为基础，通过大量的研究，建立了水体表观光学量与固有光学量之间定量的数学关系－辐射传输方程[38,39]。该方程严谨地描述了太阳光在水体中传播的多重散射和吸收过程，如式（1.1）所示。

$$\cos\phi \frac{dL(\phi,\varphi,z)}{c(z)dz} = -L(\phi,\varphi,z) + \bar{\omega}_0(z)\iint L(\phi',\varphi',\phi,\varphi,z)\tilde{\beta}(\phi',\varphi',\phi,\varphi)\sin\phi\,d\phi\,d\varphi$$

$$+ \frac{1}{c(z)}S(\phi,\varphi,z) \tag{1.1}$$

式中：$L(\phi, \varphi, z)$ 为离水辐射；$\tilde{\beta}(\phi', \varphi', \phi, \varphi)$ 为散射相函数；$c(z)$ 为衰减系数；$S(\phi, \varphi, z)$ 为内部光源。

考虑到辐射传输方程所涉及的变量较多、形式复杂、不易实用的特点，许多研究基于一定的假设条件，对辐射传输方程做了许多简化和改进，得到了广泛的应用。

大量的水体悬浮泥沙现场试验和研究结果表明，在一定的悬浮泥沙含量范围内，水体在可见光波段的反射率会随着悬浮泥沙含量的增加而增加，超过一定的范围之后水体在可见光波段的反射率就会保持稳定或变化很小；而近红外及更长波波段则对高浓度悬浮泥沙水体敏感[4,12,40]。随着悬浮泥沙含量的增加，水体遥感反射率反射峰在向长波方向移动，反射峰宽度逐渐变窄。一般地，水体光谱反射率最大值小于 7 %[41,42]。现场水体试验时，采用一定的测量方法可使水体的遥感信息中水体组分的贡献占绝大部分比例[36]。图 1.2 为现场水体实验实测结果，可以看出不同悬浮泥沙含量的水体光谱特征差异显著。

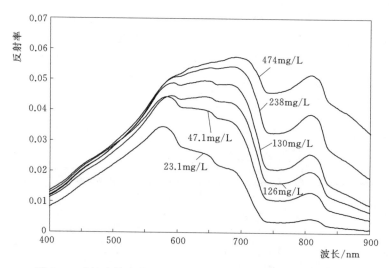

图 1.2　现场水体光谱试验（不同悬浮泥沙含量的光谱反射率）

对水色水体遥感而言，常用的遥感信息集中在可见光到中远红外之间（见图 1.2 和表 1.1）。既有的卫星遥感平台携带了不同的遥感传感器，这些遥感传感器在波段范围，时间、空间和光谱分辨率等方面各有异同，能够获取包括水量、深度、温度、水色及水体组分含量等多种水体信息。

（1）水量，即水体的空间分布（面积）信息，是相关研究工作的基础。简单来讲就是要准确地区分水陆边界。根据实际需求，在不同时空尺度上识别水量

表 1.1   常 用 遥 感 电 磁 波 谱

名称	波谱范围/nm	名称	波谱范围/nm
可见光	380～740	中红外	3000～6000
近红外	740～1300	远红外	6000～15000
短波红外	1300～3000		

信息所利用的遥感数据也不同。全球或区域尺度的水体分布多基于 MODIS（moderate resolution imaging spectroradiometer）、AVHRR（advanced very high resolution radiometer）等中低空间分辨率的遥感影像数据；而内陆水体（湖泊、河流、水库和人工水域等）或河口近岸的水量信息监测则多采用中高空间分辨率的遥感影像数据，如 Landsat[43]，SPOT[44]，HJ 星数据，GF 数据等。

（2）深度，是水体一个重要的基础信息，与社会生产生活密切相关。水体深度信息常采用激光雷达或微波等手段获取，相关方法也多种多样。本书中涉及的水体深度信息相对较少，不作深入论述。

（3）温度，水温深刻地影响着发生在水体中各种生物物理化学过程，特别是进行光合作用的藻类、浮游植物等的生长状态[45]。相关研究中，常用各类卫星遥感传感器的热红外波段数据来反演水体温度。

（4）水色，即水体的颜色。水体组分，指水体关键参数含量，包括浮游植物、悬浮泥沙和有色溶解有机物（chromophoric dissolved organic matter，CDOM）、盐度、富营养化参数（N、P、NH_3-N）等。悬浮泥沙既是水体水色的主要影响因素之一，同时又是关键的水体组成成分。因此，悬浮泥沙是最为显著的水生环境影响要素。

1.2.2   河口海岸悬浮泥沙遥感研究进展

自遥感技术应用于河口海岸泥沙监测研究以来，国内外专家学者纷纷利用 Landsat、SPOT、SeaWiFS、AVHRR、MERIS、MODIS、HICO、FY、HJ 和 GF 等多源卫星遥感数据，结合现场实测数据在全球许多区域，进行了大量的研究工作，如美国的 Apalachicola 海湾[5,46-48]，法属 Guyana 海湾[49]，比利时的 Scheldt 河[49]、法国的 Quiberon 海湾[50]、Gironde 河[8,51,52]、南美洲的 la Plata 河口海岸[53]、Mekong 河[54-56]、Bassac 河口[56]、Amazon 流域[57,58]、Solimões 河[59]、格棱兰岛近海[60]、Mississippi 河及其支流[61,62]，加拿大的 Minas 河流域[63]、Saint John 河[64]、Macuse 河口[65]、印度的 Chilika 湖[66]、Brahmani 河[67]、以色列的 Liverpool 海湾[68]，伊朗的 Chabahar 海湾[69]，Burkina Faso 的 Bagre 水库[70]、Danube 河口海岸[71]，巴西的 Tiete 河流域[72]，我国的长江[73-83]、黄河[84-86]、珠江[87-90]以及沿海海域等[4,13,91-96]。

1.2.2.1　河口海岸悬浮泥沙遥感反演模型

根据悬浮泥沙模型建立的理论基础可将其分为三类：经验模型，辐射传输理论模型，半分析/半经验遥感反演模型[30,94,97-99]。

经验模型是在现场实测和采样数据基础上，基于水体辐射量（遥感反射比或离水辐射亮度等）与水体中悬浮泥沙含量之间的数学统计关系而建立起来的[100]。即通过对同步或准同步遥感数据与实测悬浮泥沙数据的相关性分析，确定两者间的相关系数及大致形式，进而建立经验模型；或者通过实验仪器测量多通道水体光谱曲线、水体表观光学量、大气光学特征以及水体中各组分的浓度而建立的地面光谱模型[98,101]。在悬浮泥沙研究的早期和当前，经验模型的应用都非常广泛。

基于现场实验结合同步（准同步）Landsat 系列卫星影像的利用经验模型研究水体悬浮泥沙含量的有很多[35,69,72,90,96,102]，如 Zhang 等在黄河河口[86]、钟凯文等在珠江流域西江干流[103]、张毅博等在新安江水库[104]、Zheng 等在洞庭湖[105]都反演分析了研究区悬浮泥沙含量；Vantrepotte 等在法国的 Guiana 海湾[106]、Park 等在亚马孙河流域借助 MODIS 数据分析了研究区悬浮泥沙的时空变化[58]；利用其他数据源进行悬浮泥沙反演的研究还有很多，如 MERIS 数据[56,107]、HJ 星数据[108]、Hyperion 影像[109]、GOCI 影像[73]、航空高光谱数据[61]、Radarsat 数据[110,111]和实测数据[112,113]等；Wu 等还发展了一种在缺少星、地同步实验情况下的悬浮物遥感反演方法[6]。

经验模型易于操作实现，反演模型参数所需要数据源比较容易获取得到，可适用于大多数便于进行试验测量的区域水体，并且在特定的范围内可获得较高的反演精度，应用广泛。但是，经验模型的参数多具有区域性和季节性的特点，所以其普适性不足[16,99]。因经验模型的参数受研究对象的时空异质性影响较大，所以在推广应用到其他区域、时段的时候，需要进行重新检验验证[97]。

辐射传输理论严谨地描述了表观光学量、水体固有光学量（吸收、散射、光束衰减）在光场过程中的作用。辐射传输理论模型建立一般分为两个过程：以上行辐射与水体中光学活性物质特征吸收和后向散射特征之间的关系为基础，利用水体反射率反演水体中各组分的特征吸收系数和后向散射系数（表观光学量与固有光学量的过程）；通过水体中各组分浓度与其特征吸收系数、后向散射系数相关联，反演水体中各组分的含量（固有光学量与水体中各组分浓度过程）。

基于辐射传输理论，已有许多学者[114-116]分析了水体表观光学量与固有光学量的关系，即发展推导了遥感反射比与水体总吸收系数、后向散射系数之间的函数关系，见式（1.2）。

6

$$R = \frac{ft}{Qn^2} \frac{b_b(\lambda)}{a(\lambda) + b_b(\lambda)} \tag{1.2}$$

式中：R 为遥感反射比；f、Q 为太阳天顶角函数；t 为水气界面透射率；n 为水体折射系数，$b_b(\lambda)$ 为水体总的后向散射系数；$a(\lambda)$ 为水体总吸收系数。

式（1.2）中，$a(\lambda)$ 可以看作是纯水 $[a_w(\lambda)]$、CDOM $[a_g(\lambda)]$、浮游植物 $[a_{ph}(\lambda)]$ 和悬浮物 $[a_x(\lambda)]$ 的吸收系数的线性组合；而 $b_b(\lambda)$ 主要包括悬浮物 $[b_{bx}(\lambda)]$ 和纯水 $[b_{bw}(\lambda)]$ 的后向散射，见式（1.3）和式（1.4）。

$$a(\lambda) = a_w(\lambda) + a_g(\lambda) + a_{ph}(\lambda) + a_x(\lambda) \tag{1.3}$$
$$b_b(\lambda) = b_{bw}(\lambda) + b_{bx}(\lambda) \tag{1.4}$$

联合式（1.2）~式（1.4），经过波段代入求算水体固有光学量，进而反演水体各组分含量。

Giardino 等在意大利 Garda 湖尝试了基于辐射传输理论模型的水质参数反演，重点关注了叶绿素和浑浊度[117]；Zhang 等、孙德勇等在我国太湖[118-119]，戴永宁等在巢湖[120]，陈莉琼等在鄱阳湖[121]分别开展了辐射传输理论和水体固有光学特性的研究；李云梅等采用基于辐射传输理论的分析模型反演了太湖悬浮颗粒物浓度[122]。相关研究成果都为水质参数遥感监测的理论发展和实践提供了重要的参考和帮助。

辐射传输理论模型具有明确的物理意义和良好的普适性[99]。然而水体参数的反演是一个非常复杂的物理过程，辐射传输方程需要输入大量的固有光学参数以及地表参数。而目前这些参数的获取比较困难，辐射传输方程计算起来也比较复杂，限制了辐射传输方程的实际应用。鉴于辐射传输理论模型一些参数难以获取以及计算量大的问题，后人发展了简化的半分析模型。

半分析/半经验模型介于经验模型与辐射传输理论模型之间。半分析/半经验模型是在辐射传输理论模型的两个主要过程的某一阶段简化利用了经验统计分析方法的模型。一种形式是，首先建立固有光学量（吸收系数和后向散射系数）与悬浮泥沙的经验关系，而固有光学量则是基于辐射传输理论通过表观光学量（水体反射率）求解；另一种形式则相反，固有光学量通过表观光学量（水体反射率）通过近似简化或一些经验关系逐步逼近求解，而悬浮泥沙含量则通过水体中各组分浓度与固有光学量相关联建立的理论模型求解得到；半分析模型都是某一形式的两个过程相结合，最终建立表观光学量与悬浮泥沙的关系模式。因为半分析/半经验模型是简化了的辐射传输理论模型，有一定的理论基础和较为明确的物理意义，相对简便，应用也愈加广泛。

Chen 等研究了我国渤海、长江入海口、浙江省瓯江入海口 3 个不同混浊度水体的泥沙含量[123]，建立了一个基于 HJ－1A/CCD 数据三波段组合的泥沙反演半分析模型，整体误差小于 29%。Mao 等为了改善常规模型不能准确测定我国东海高悬浮泥沙含量的问题[13]，以复杂的光谱指数代替生物光学模型输入中单一的波段。结果显示，光谱指数与泥沙含量的相关系数达 0.912，高于任何单一波段的结果，模型反演结果的平均相对误差为 23%。Nechad 等发展了一个适用于多种海洋卫星遥感数据悬浮泥沙反演的生物光学模型[124]。仅以红光到近红外区间的单一波段作为模型输入，平均相对误差可优于 30%。陈燕等基于渤海湾的站点观测数据，结合该区域水体光谱特性，首先利用多波段半分析算法（quasi-analytical algorithm，QAA）计算了研究区水体的固有光学特性，建立了渤海湾悬浮泥沙遥感反演的半经验模型[17]。结果表明，该模型的精度更高、普适性更好，相对误差 18.28%。

Zhang 等基于太湖现场测量光谱和悬浮物浓度数据，利用近红外两个波段开发了适用于较深、悬浮物含量高的水体的生物光学模型[16]，验证结果平均相对误差仅为 13%。Sun 等通过对我国太湖、巢湖、滇池、三峡库区等内陆水体的水体特性实地观测，发展了反演中国内陆水体悬浮物组分的半分析模型[125]，并结合新型的光学卫星数据 HJ-1A/HIS 影像分析了太湖水体的悬浮颗粒组成及比例。Giardino 等以航空高光谱数据为基础，结合实测数据与生物光学模型[126]，研究了意大利中部一个浅而浑浊的 Trasimeno 湖水体悬浮物浓度和水生植物的空间分布，发现水生植物的存在是悬浮物保持低浓度积极因素。金鑫等[127]根据实测数据，在确定了水体固有光学参数的基础之上，构建了巢湖的悬浮物浓度生物光学遥感反演模型。结果表明，随着悬浮物浓度的增加，模型精度越高，平均相对误差为 17.25%。张红等在巢湖的研究也有类似发现[128]。徐京萍等分析了吉林省长春市石头门水库 400~1200nm 范围内的水体光谱特性，发现高浓度悬浮物含量对水体总的反射率贡献较大[97]，并分别以 808nm、873nm 和 1067nm 处的光谱反射率建立了反演悬浮物浓度的生物光学模型。施坤等根据生物光学原理，基于对太湖、巢湖、三峡库区实测数据的分析[99]，建立了浑浊湖泊水体总悬浮物浓度的单波段估算模型，平均相对误差低于 24%，均方根误差低于 18mg/L。

半分析/半经验模型结合了经验模型与辐射传输理论模型的优点，普适性较好且具有一定的物理意义。半分析模型不需要大量的实地采样数据作为支撑，也不同于辐射传输理论模型需要大量的固有光学参数、地面参数输入，根据已有的离水辐射高度或遥感反射比加上水体中各组分的吸收和散射信息就可以直接较为准确地估算出各组分的含量。

然而，半分析/半经验模型也存在一定的不足之处[30]。一般而言，河口海岸水域深度较深，水动力较强，水体更新周期短，水生环境复杂易变，且受河流上游、沿岸生产活动、洋流潮汐等诸多因素的影响；内陆湖泊、水库则不同，相对而言其水深较浅，水动力较弱，水体更新周期长，水生环境简单稳定，对其影响因素相对较少。建立半分析模型需要已知水体各组分的吸收系数、后向散射系数、体散射系数等相关参数，而这些参数需要较多的一致度、逼真度高的数据模拟得出。河口海岸和内陆湖泊、水库自身的特点决定了其可被模拟性、逼近程度、参数本身的复杂度、可被认知程度及实验获取难易等问题。显然，半分析/半经验模型在内陆湖泊、水库应用更多，也更为成功。对此，最大浑浊带作为河口海岸的一个"较为稳定"的动态变化区域，几乎是所有相关因素在河口海岸的综合作用"信息承载体"，拓展半分析/半经验模型的应用可以考虑优先开展河口海岸最大浑浊带的理论分析、现场实验、数据模拟、参数测定等相关研究。加强对最大浑浊带的研究，不仅可以直接准确把握、分析河口海岸悬浮泥沙的动态变化，而且能够促进对其他水质参数的遥感反演研究。另外，半分析/半经验方法在模型建立求解的一些近似或简化过程中，相关前提假设条件缺乏相应的验证，可能会带入未知的误差。

悬浮泥沙遥感反演依据不同的理论，过程各有异同，数据源也不尽相同，包含波段的各种变换组合（如差值、比值、对数等）形式也千差万别，但最终仍可以归结为以下六种。

（1）线性形式。线性形式是最常见的泥沙含量估算形式之一，包括一元和多元的，适合于简单水生环境的情况。其一般形式如式（1.5）所示。

$$\text{TSS} = aR_1 + bR_2 + c \tag{1.5}$$

式中：TSS（total suspended solid）为泥沙含量；R_1、R_2 为光谱信息；a、b、c 为待定常量参数。

本书以下其他公式中所列参数含意与式（1.5）中相同。R_i（$i = 1$，2，3，…）可以是遥感影像某波段数据，也可以是高光谱或多光谱仪器测量值，或者是由其变换而成的其他组合。

（2）高次形式。高次形式是线性形式的延伸［见式（1.6）］，提高了其应用范围。

$$\text{TSS} = aR^2 + bR + c \tag{1.6}$$

（3）对数形式。对数形式包括对光谱数据和泥沙数据分别或单一作对数变换，在低泥沙含量的水体中反演精度更高。对数变换常见的有以 10 为底数的变换和以自然常数 e 为底数的变换［见式（1.7）］，并且可以代入多组光谱数据组合计算。

$$\lg\text{TSS} = a\lg R + b \tag{1.7}$$

（4）Gordon 形式。Gordon 形式由准单散射理论近似得到，比较著名、多被提及，见式（1.8）。但是，该形式假设水体光学性质稳定均一，因此反演精度不高、应用较少。学者对 Gordon 方法的适用性也存在不同见解，何青等的研究结果表明 Gordon 方法适合于低含量泥沙水体或者高含量泥沙水体[129]，而陈勇等则认为该方法对中等含量悬浮泥沙水体反演效果较好[130]。这样的差异可能是由于学者对悬浮泥沙高、低浓度的定性描述不同而引起的。

$$\mathrm{TSS} = \frac{aR}{bR + c} \tag{1.8}$$

（5）指数形式。指数形式考虑了水体组分对光学性质的影响，较真实地反映了光谱反射率与泥沙的相关关系，应用范围广泛，在各类水体都有较好的适用性[12]。常见的指数形式多以自然常数 e 作为底数，见式（1.9）。

$$\mathrm{TSS} = a\,\mathrm{e}^{bR} + c \tag{1.9}$$

（6）综合形式。综合形式是对上述形式的组合，相关研究较少[131]。当然，同样存在以上各反演模式的反函数形式。

需要指出的是，以上 6 种悬浮泥沙反演模型同时又可以进一步归结为单波段模型和多波段组合模型两类[30]。

悬浮泥沙单波段遥感反演模型是指仅利用单一波段数据来反演悬浮泥沙含量。此类模型的遥感数据来源较多，因此在很多区域都有应用。然而，由于不同波段对不同悬浮泥沙含量水体的敏感性有很大的差别，此类模型难以适用于悬浮泥沙含量较大范围变化的水体[35]。例如，许多研究已经表明红光波段遥感反射率会随着水体悬浮泥沙含量的增加而升高，但超过一定的浓度范围（在高悬浮泥沙含量的水体），红光波段遥感反射率则不再升高，出现饱和现象[12]。与红光波段相比，近红外波段对高悬浮泥沙含量水体更为敏感[4,12,40,46]。因此，基于单一波段的悬浮泥沙遥感反演模型在悬浮泥沙含量大范围变化的水体应用时有较大的局限性。

悬浮泥沙多波段组合遥感反演模型是指利用多个波段数据来反演悬浮泥沙含量，可以较好地避免遥感反射饱和现象[12,132-134]。常见的多个波段的组合形式有波段比率[132,135-137]、泥沙指数和其他复杂的形式[76,104,133,134,138]。此类模型所对应的模型形式如上面提到的线性函数、指数函数、对数函数以及二次函数等。需要注意的是此类多波段组合模型的形式多数为单调函数。应用单调函数性质的悬浮泥沙遥感反演模型时，存在两个潜在的问题[30,35]：一是，由于单调函数的性质，使得悬浮泥沙的反演结果随着遥感反射率的变化呈现固定的变化（如线性函数），这可能与实际情况不符；二是，对于指数函数或对数函数而言，在一定的区间，遥感反射率的微小改变可能会造成悬浮泥沙结果的巨大变化，产生过拟合现象。基于以上分析可知，非单调性质的多波段组合模型可能是悬浮泥沙遥感反演的最恰模型形式[30,35]。尽管基于遥感方法的悬浮泥沙反演研究已取得丰富的成果，但是，目前仍然缺乏一种可应用于多个河口海岸悬浮泥沙含量显著分异、精度高、鲁棒性好的定量遥感反演模型[34,35]。

1.2.2.2　河口海岸悬浮泥沙主要研究内容

根据既有研究的具体内容可将相关工作分为最大浑浊带、特殊气象条件效应和时空变化特征三个方面的研究。

（1）最大浑浊带研究。最大浑浊带是河口近岸一个动态变化的区域，与来水输沙、潮汐、沉积作用密切相关[139]，其悬浮物浓度稳定高于河口近岸其他区域，在河口近岸的物质循环过程中起到了非常重要的作用[75,140]。实测资料表明，最大浑浊带的范围与河口盐水楔锋面的进退区域及滞流点的上、下位移范围相对应[141]。然而，国内外相关研究较少，仅在 Yenisei 河[140]、长江[75,142-144]相关研究中提及，专门研究的有黄河[145]、鸭绿江[146]、珠江[147]。但是，专门研究也多为较早时期的结果，难以满足对包括位置、范围、含沙浓度、垂直分布等在内的最大浑浊带的特征进行全方面、全方位的研究，而这些特征受到河口海岸水动力与水化学环境，如潮流、径流作用，盐淡水混合作用等时间、空间变化的密切影响。

（2）特殊气象条件效应研究。在暴雨、台风等特殊气象条件下，研究区多被云层覆盖，卫星传感器很难有效获取到地表相关信息，造成此时段内研究区遥感数据源缺失或存在质量等问题，致使基于遥感方法研究悬浮泥沙在特殊气象条件效应下变化特征的机会非常难得。因此，国内外相关报道较少。其中，Chen 等、Huang 等分别在不同地区研究了飓风对海湾水质参数的影响[48,148]；Chen 等[47,149]、Michael 等[150]分析了水体泥沙含量随暴雨过程的变化；另外，还有研究监测了海水入侵对河口混浊度的影响[151]。我国自然灾害频发，特别是东南沿海一带，受极端天气影响尤为严重，尽管受限于客观条件等因素，当前相关研究比较缺乏[152]，所以更需要重点关注。既有的情景分析和数值模拟等方法值得借鉴[22,153-155]。

（3）时空变化特征研究。基于情景分析（又称物理模型、物理实验）和数值模拟（又称计算模型、数学模型）对泥沙运动输移、趋势变化的研究由来已久[156-163]。而当前悬浮泥沙时空演变遥感研究相关成果略显不足，亟待加强。已有研究多为在短时间或中等时间跨度上利用不同方法结合不同数据对不同区域的研究[12,20,56,70,86,89,106,164-166]，对把握泥沙时空演变规律有重要的借鉴意义和参考价值[53,59,71,74,93,167-170]。但是，因其时间跨度相对较短，难以发现悬浮泥沙含量的长期变化规律和趋势，并且其相关研究结论的准确性、可扩展性还有待讨论和进一步验证。虽然长江河口近岸已有近 40 年时间序列的研究结果[130]，但因卫星遥感影像获取或影像质量等问题造成其数据密度极低，可能会造成一些重要信息的缺失。

1.2.2.3　河口海岸悬浮泥沙遥感研究总结

目前，基于站点监测和遥感数据反演水体悬浮泥沙含量的相关研究已有很多。尽管传统的水文站点和行船作业调查具有较高的精度和一定的连续性，但耗时费力且代表范围有限，实效性低，当前多用于精确的对比验证。整体来看，基于遥感方法反演水体悬浮泥沙的相关研究虽然是水色遥感中方法最成熟、成果最丰硕的，包括了现场光谱数据采集、水体样品实验室分析、遥感影像预处理、泥沙反演模型的建立、泥沙时空变化相关因素关联关系分析、水体泥沙反演结果的分析及应用等方方面面。但是，既有的悬浮泥沙定量遥感模型的普适性不足，并且关于悬浮泥沙时空演变规律（最大浑浊带、特殊气象效应、时空变化特征）的研究和讨论还远不充分，亟待加强。

因此，建立一个可适用于多个河口海岸区域、水体悬浮泥沙含量大范围波动的定量遥感反演模型，并结合长时间序列遥感影像、大量现场水体实测数据及其他相关数据，准确反演区域内水体悬浮泥沙的空间分布及时序变化特征，分析其影响因素及响应机制，对理解和把握河口海岸悬浮泥沙时空演变规律具有重要意义！不仅可以为河口海岸区域的生态环境保护、资源科学开发利用提供重要的科技支撑和决策依据，同时也将有助于我们提高对全球物质循环、全球变化和气候变化等科学问题的认识和理解[30,35,90,96]。

1.3　主要研究内容

针对当前河口海岸水体悬浮泥沙定量遥感反演模型普适性较差相关问题及河口海岸悬浮泥沙时空演变规律相关研究的不足，本书利用 Landsat 卫星长时间序列影像数据，大量现场水体实测数据及其他相关数据，尝试建立一个普适性好、精度高的悬浮泥沙 Landsat 定量遥感模型，并在此基础上反演珠江、漠阳江和韩江 3 个各具特色的河口海岸区域悬浮泥沙含量的时空变化特征，分析各区域之间的异同，理解、把握各区域悬浮泥沙含量的时空演变规律，探索其影响因素及作用机理和强度。具体包括以下三个部分：

（1）根据大量现场实测数据，建立一个可适用于多个河口海岸水体的悬浮泥沙含量定量遥感反演模型。基于河口海岸区域大量的现场实测数据，本书首先分析了光谱数据与悬浮泥沙含量的相关关系，重新校准并验证了已有的大量 Landsat 悬浮泥沙定量遥感模型，经过验证、对比分析，通过改进并优化模型形式，最终建立了一个可适用于多个河口海岸水体的悬浮泥沙定量遥感反演模型。

（2）珠江、漠阳江和韩江河口海岸长时间序列悬浮泥沙空间分布特征。基

于经过预处理的 Landsat 长时间序列遥感影像数据，应用已建立的优化的
Landsat 定量遥感模型反演得到珠江、漠阳江和韩江河口海岸近 30 年以来的悬
浮泥沙空间分布特征，并进一步分析建立的优化模型的精度和反演结果的准
确性。

（3）分析珠江、漠阳江和韩江 3 个各具特色的河口海岸悬浮泥沙含量在长
时间序列上的变化规律及趋势；并探索相关因素对河口海岸悬浮泥沙的影响、
驱动机制和作用强度。对比分析珠江、漠阳江和韩江河口海岸悬浮泥沙的不同
空间分布上的时序变化特征及异同，总结其时空演变规律；并在此基础上，初
步探索地形、降雨、径流量、潮汐、风及人类活动等因素对其的影响和作用，
揭示其中驱动机制，定性并量化其响应关系和强度。

1.4　章节安排

对应研究内容的主要工作，本书各章节安排如下：

第 1 章，绪论。论述了准确、有效监测河口海岸悬浮泥沙含量，理解并把
握其时空演变规律对人类社会和自然环境的重要理论意义和巨大现实价值。首
先介绍了水体水色遥感的基础理论，并从河口海岸水体悬浮泥沙传统监测方式、
遥感反演方法的模型及研究内容等方面的研究现状展开综述。分析了既有研究
的贡献与有待加强的方面，进而引出本书研究的重点。

第 2 章，数据源及预处理。首先对河口海岸这一地理对象进行了简要介绍，
并详细说明了本书研究区和实验区的地理、水文和气候等要素特征。研究利用
的数据主要包括现场实测数据和 Landsat 系列卫星遥感影像数据，分别用于悬浮
泥沙遥感模型的建立和结果反演；其他基础地理信息数据包括数字高程数据
（DEM）、MODIS 土地利用/覆盖数据、水文观测数据和气象观测数据，辅助河
口河岸悬浮泥沙结果分析。数据预处理主要包括观测数据的整理和建库，遥感
影像数据预处理主要是基于 LEDAPS 系统的大气校正过程。

第 3 章，悬浮泥沙定量遥感反演模型研究。基于研究在现场获取的大量实
测数据，在充分分析实测数据特征的基础上，重新检验、验证了既有模型的适
用性。在此基础上，着重论述了本书悬浮泥沙遥感反演模型（QRLTSS）的改
进优化和建立过程，并在本章最后分析了 QRLTSS 模型的应用和验证结果。

第 4 章，河口海岸悬浮泥沙时空演变规律。基于已建立的 QRLTSS 悬浮泥
沙定量遥感反演模型，结合经预处理的 Landsat 系列卫星长时间序列遥感影像数
据，分别反演了 1987 年以来，近 30 年间的珠江、漠阳江和韩江河口海岸悬浮泥
沙含量。并进一步对比分析了各个河口海岸悬浮泥沙的空间分布特征、洪枯季

变化和长时间变化规律和趋势，及相关因素对此的影响和作用。

第 5 章，结论与展望。总结本书研究结果和发现，展望下一步的研究内容和工作方向。

1.5　技术路线

如图 1.3 所示，研究首先整理了多年以来获取的大量现场水体实测数据；同步建立了 1987 年以来的覆盖了珠江、漠阳江和韩江河口海岸的 Landsat 系列卫星遥感影像数据库，并对遥感数据进行了辐射校正、大气校正等预处理，作为河口海岸悬浮泥沙含量遥感反演的基础数据；完成了其他相关基础地理信息数据，如 MODIS 土地利用/覆盖数据、数字高程模型数据（DEM）、水文数据和气象数据等的搜集和建库。遥感数据预处理主要在 ENVI、Arcgis 专业软件平台（包括基于 Java 编程语言的 Arcgis 二次开发）以及 LEDAPS 系统上进行。

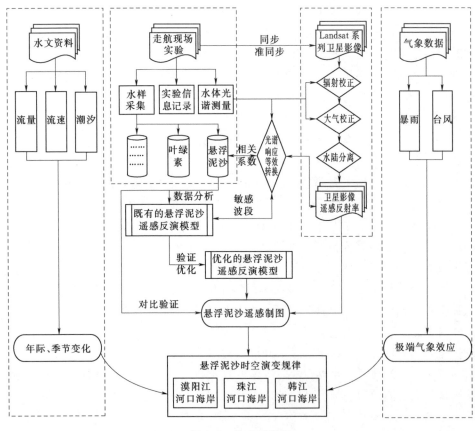

图 1.3　技术路线图

　　研究基于大量现场实测数据，对既有的悬浮泥沙遥感反演模型进行了重新检验与验证，对比分析了既有模型的适用性（优势和不足），进而对既有模型形式进行优化和改进，最终建立了精度更高、鲁棒性好、可适用于多个河口海岸的悬浮泥沙遥感反演模型；基于优化的模型，反演了 1987 年以来珠江、漠阳江和韩江河口海岸的悬浮泥沙含量，并研究分析了各个河口海岸悬浮泥沙的空间格局、变化规律和趋势。实测数据特征分析，模型建立、检验、验证和优化，悬浮泥沙遥感反演等过程主要在 Matlab 平台下编程实现。

　　本书研究内容的关键在于悬浮泥沙定量遥感反演模型的建立，通过大量现场实测数据结合对既有模型的检验验证，最终通过改进和优化模型的形式实现；研究的重点在于近 30 年以来珠江、漠阳江和韩江河口海岸悬浮泥沙含量结果反演以及时空规律的探索分析。

第 2 章

数 据 源 及 预 处 理

2.1　研究区

2.1.1　河口简介

现代河口发育在冰后期，由海侵、水动力的作用和泥沙搬运沉积等共同作用逐渐发展形成的[171]。河口为河流终点，即河流注入海洋或湖泊的地方。就入海河口而言，它是一个半封闭的海岸水体，与海洋自由沟通，海水在其中被陆域来水所冲淡[172]。入海河口的许多特性影响着近海水域，且由于水体运动的连续性，往往把河口和其邻近海岸水体综合起来研究。其范围包括上至河流受海洋潮汐影响的最远处，下至受河水扩散影响的海滨[173]。因此，河流近河口段以河流特性为主，口外海滨以海洋特性为主，河口段的河流因素和海洋因素则强弱交替地相互作用，有独特的性质[174]。

地球表面河流众多，虽然千差万别，但也有共同之处。根据不同的标准和依据，可以将河口划分为不同的类型[175]。根据成因，可把河口分为溺谷型河口和峡江型河口类型。溺谷型河口，是玉木冰期以来的海平面上升浸没了玉木冰期的河谷而成的，具有纳潮量大、径流势力相对较弱的特点。峡江型河口，是在冰川作用过的地区，河槽受冰川挖掘刻蚀，谷坡陡峻，海侵后形成峡江，其河口特点在于口门附近有深约几十米的岩坎，坎内水深可达数百米，向着内陆可延伸几百公里。根据盐度分布和水流特性，可将河口分为高度成层河口、部分混合河口和均匀混合河口。根据潮汐的大小，河口又分为强潮河口[176]、中潮河口、弱潮河口和无潮河口等[177]。

2.1.2　研究区介绍

在我国，入海河口众多，1800多个大小不同、类型各异的河口分布在包括台湾岛、海南岛及其他一些大岛在内的长达21000多km的海岸线上。其中，河流长度在100km以上的河口就有60多个[177]。既有资料显示，专家学者历来重视河口海岸相关研究。特别自1950年以来，我国围绕河口的开发和治理，对长江、黄河、珠江、钱塘江等大河的河口，开展了较系统的观测、调查和研究，并进行了不同规模的治理。这不仅解决了河口治理中的一些实际问题，而且对河口的拦门沙、冲刷槽、分汊潮波变形和环流等一些理论问题的研究，也取得了进展。与此同时，研究手段也在不断改进，物理模型和数学模型已被广泛应用，遥感遥测等新技术也已开始应用于河口的研究。

考虑实际情况，兼顾数据可获取性、代表性和工作量，本书选择珠江（东四口门）、漠阳江和韩江河口近岸3个区域作为研究对象，分析其悬浮泥沙含量的时空演变规律。其中珠江是我国的大河，流量仅次于长江；相对而言，漠阳江和韩江河口是颇具特色的中小河口。需要说明的是，本书所涉及的现场实验还包括徐闻近岸和长江河口两个区域。

实验区1，徐闻近岸，地处东经109.8°～110.1°，北纬20.1°～20.5°，徐闻珊瑚礁国家级自然保护区位于实验区内（http：//www.gdofa.gov.cn/）。徐闻近岸工业不发达，加之该区域水流运动较慢、悬浮泥沙来源匮乏，保护区海水较清洁，水质符合二类甚至一类海水标准[178]。近年，因为过度的渔业养殖、捕捞以及工业发展，悬浮泥沙含量日益增加，水体透明度和水温适宜性下降，珊瑚礁的生长状态有所变差[179]。

实验区2（研究区1），漠阳江河口海岸（东经111°16′～112°22′，北纬21°46′～22°42′）。漠阳江位于广东省西南部，发源于阳春市云雾山脉。贯穿阳江市阳春、阳东、江城3个县（市、区）。在阳东县的北津港注入南海。流域总面积6091km²，河长199km。多年平均实测河川年径流量为82.1亿m³，多年平均水资源总量为86.5亿m³。

流域属亚热带季风气候，受海洋性季风及热带、副热带高压气候影响，降水充沛，多年平均年降雨量2199.5mm，有云雾大山和望夫山鹅凰嶂两个暴雨中心。雨量地区分布不均，年际变化大，最大年降水量2900mm，最小年降水量1500mm。雨量年内分配也不均匀，夏秋多，冬春少，4—9月雨量占全年的70%～85%。漠阳江流域背山临海，有众多的山口，为暴雨形成创造了良好的条件，同时又是冷暖气流交接静止地方，洪涝灾害频繁。

实验区3（研究区2），珠江河口海岸。珠江，又名粤江，是我国流量第二大河流。由西江、北江、东江及珠江三角洲诸河汇聚而成的复合水系，经由分布在广东省境内 6 个市县的虎门、蕉门、洪奇门、横门、磨刀门、鸡啼门、虎跳门和崖门八大口门流入南海。全长 2214km，流域面积 453690km²（其中442100km² 在我国境内），年径流量 3300 多亿 m³，居全国江河水系的第 2 位，仅次于长江。

珠江流域为亚热带气候，年平均风速 0.7～2.7m/s，流域内雨量丰沛，多年平均年降水量 1470mm。降水量由东向西递减，一般山地降水多，平原河谷降水少。多年平均径流量为 1144 亿 m³（广东省内）。径流年内分配在汛期（5—10月）的径流量占年径流量的 80% 左右，枯水期（11 月至次年 4 月）占年径流量的 20% 左右。珠江多年平均含沙量 0.11～0.64kg/m³。含沙量最小的河流是潭江（潢步头站），为每 0.11kg/m³；最大的是北江上游浈江，为 0.32kg/m³，以及西江支流罗定江（官良站），为 0.64kg/m³。

多年平均含沙量 0.136～0.306kg/m³，流域来沙中有 15.5% 淤积在三角洲河网内，其余都由口门泄出。排沙量以磨刀门和洪奇沥最多。西江控制站高要的输沙量占总输沙量的 82.8%。珠江各支流含沙量的年际变化，西江下游干流变化不大；北江 20 世纪 60 年代较 50 年代略增（0.02kg/m³），60—70 年代不变；东江含沙量逐渐减少，这与 50 年代末和 70 年代初分别建新丰江和枫树坝水库有关；80 年代各江都增加。珠江口门属弱潮型河口，东部沿海岸的潮差一般比西部的大，沿河向上潮差递减，东部快于西部。当两支涨潮流（或落潮流）或一支涨潮流与另一支落潮流相遇，形成了会潮点，在珠江三角洲会潮点有 30多处。在会潮点处，水流比较缓慢，潮流带来的泥沙大量沉积下来，使附近河床淤积。

河口淡水向外海扩散，存在着两个轴向：其一，垂直于海岸指向东南，夏季因受西南季风的影响向东北漂移，洪水时能扩展到远离香港百余公里之遥，冬春季节则明显地向岸收缩；其二，平行于海岸终年沿岸指向西南。洪水期，口外海滨表层冲淡水向外海扩散的同时，有外海的深层陆架水沿海底向陆作补偿运动。

实验区 4（研究区 3），韩江河口海岸（东经 115°13′～117°09′，北纬 23°17′～26°05′）。韩江，我国东南沿海最重要的河流之一，古称员江、恶溪，后称鄂溪。流域面积 30112km²，地处亚热带东南亚季风区，属亚热带气候，多年平均降雨量在 1400～1700mm，其中 4—9 月降雨量占全年降雨量的 70% 以上。受地形影响，降雨量自沿海向北增大，过莲花山脉后，又向北逐渐减少。

韩江下游在广东省潮州市湘桥区广济桥下不远处呈扇形分为 3 条支流。东北面的一支名为北溪，中间一支称为东溪，西面一支称为西溪。西溪在广东省汕头市龙湖区和潮州市潮安区之间的鳌头洲以下，又分为三流。东为外砂河，中间一流叫新津河，西流称梅溪，在梅溪段的陇尾，又分出一条小河（由水闸控制），长约 6.6km，名为红莲池河。

　　韩江年径流总量 245 亿 m³，多年平均径流深 600～1200mm，径流的年内分配不均匀，4—9 月占全年径流量的 80%，10 月至次年 3 月占 20%。潮安站实测最大洪峰流量为 13300m³/s（1960 年 6 月），汀江溪口站实测最大为 8140m³/s（1973 年 6 月），梅江横山站实测最大为 6810m³/s（1960 年 6 月）。韩江多年平均含沙量 0.261kg/m³。流域内的潮安水文站多年平均含沙量 0.30kg/m³，韩江泥沙主要来自梅江，梅江的横山水文站年平均输沙量为 463 万 t，占全流域的 63.4%。

　　实验区 5，长江河口近岸，位于我国最长河流长江的入河口，东经 121.55°～122.4°，北纬 30.8°～31.8°。长江河口多年平均地表径流量是 9.2×10^{11} m³，悬浮沉积物约 4.8×10^{8} t[12]。长江河口海岸区域包含着重要的自然生态环境作用，对人民生活和社会生产影响巨大，一直是诸多研究关注的重点[4,12,77,180,181]。

2.2　数据源

2.2.1　现场实测数据

　　现场水体实验包括水体光谱测量和水样采集（用于测定悬浮泥沙含量）。实验一般同步或准同步于 Landsat 卫星过境时间，利用 GPS 指导实验行船精确定位。其中水体采样按相关规范进行；水体光谱测量基于水面之上测量法[42]，仪器为美国 ASD 公司（Analytical Spectral Devices，Inc，www.Asdi.com）的 ASD Field - Spec 3 光谱仪。该仪器基于基本的电磁波原理，将光谱仪光导探头获取的地物目标反射电磁波能量转化存储为数字信号。该型号光谱仪的波谱范围为 350～2500nm；光谱采样间隔为：350～1000nm（1.4nm），1000～2500nm（2nm）；光谱分辨率为：350～1000nm（3nm），1000～2500nm（10nm）；测量速度为固定扫描时间 0.1s。光纤探头长 1m，前视场角为 25°，可实时测量地物目标的反射率、辐射值和辐照度；标准参考灰板为 Labsphere 公司生产的半球形散射漫反射体，主要是 Spectralon 材料。

　　具体进行光谱测量时，需要注意的事项有：仪器的定期检查与标定；观测条件；着装与操作规范。其中，仪器的定期检查与标定是保证测量结果客观准确的基础；观测条件应为当地时间上午 10 点至下午 2 点半之间，晴朗无云（或很少云），风力低于 3 级；实验人员应当身着深色服装，以减少自然光对地物目标的影响，规范的操作可保证实测数据真实可靠、符合要求。

水面之上测量法是唐军武等在分析我国河口近岸水体光学特性的基础上[42]，针对二类水体光谱测量提出的。实验时为了避免太阳直射反射的影响，仪器观测平面与太阳入射平面的夹角保持在 90°～135° 之间（背向太阳方向），仪器与海面法线方向的夹角保持在 30°～45° 之间，测量天空光辐亮度时，应使其观测方向的天顶角等于水面测量时的观测角。水面之上测量法观测几何图如图 2.1 所示。

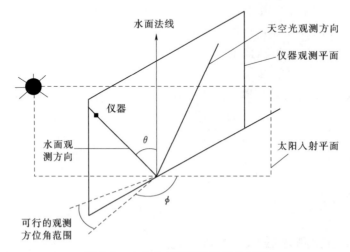

图 2.1 水面之上测量法观测几何图

用于测定悬浮泥沙含量的现场水样采集按照《海洋调查规范 第 1 部分：总则》（GB/T 12763.1—2007）与《海洋测量规范 第 4 部分：海水化学要素调查》（GB/T 12763.4—2007）进行，采集水体样本约 2.5L，装在黑色瓶内密封遮光保存，10h 以内送至专业分析实验室采用烘干称重法进行悬浮泥沙含量测定[1,182]。

基于上述现场实验方案方法，研究 2006—2013 年获取的实测数据，共 129 组，其中 119 组数据包含了水体光谱数据和水体悬浮泥沙含量数据，其余 10 组数据仅测得了水体悬浮泥沙含量。研究获得的现场水体光谱数据如图 2.2 所示，数据详细信息及其同步（准同步）的卫星遥感影像情况见表 2.1。

表 2.1 现场实测数据详细信息及其同步（准同步）的卫星遥感影像情况

实验区	日期（年-月-日）	个数	测量项目	同步采样点
徐闻海岸	2010 - 10 - 03	10	光谱，TSS	没有
	2013 - 01 - 13—14	22	光谱，TSS	没有
漠阳江河口海岸	2013 - 12 - 06	11	光谱，TSS	7，OLI

续表

实验区	日期（年-月-日）	个数	测量项目	同步采样点
珠江河口海岸	2006 - 12 - 19	5	光谱，TSS	没有
	2006 - 12 - 21	18	光谱，TSS	13，Hyperion
	2007 - 12 - 27	8	光谱，TSS	没有
	2012 - 11 - 02	9	光谱，TSS	6，ETM+
韩江河口海岸	2013 - 12 - 01	12	光谱，TSS	9，OLI
长江河口海岸	2009 - 10 - 14—15	34	光谱，TSS	没有

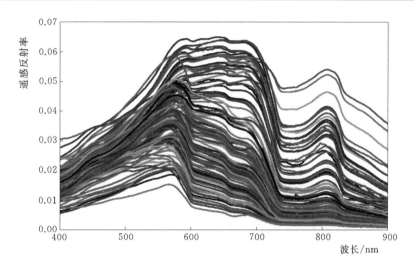

图 2.2　利用 ASD 地物光谱仪实测的水体光谱数据（119 组）

2.2.2　遥感数据

　　基于遥感数据，可快速、准确、周期重复地监测水体悬浮泥沙含量，在时间、空间分辨率和空间覆盖度上都有独特的优势。世界许多国家和组织相继很多卫星用于科研和实际应用。这些卫星搭载了多种多样的遥感传感器，已获取特点各异的遥感数据，如 Landsat 数据（land observation satellite），EO - 1 数据（The First Earth Observing），MODIS 数据（Moderate Resolution Imaging Spectroradiometer），MERIS 数据（Medium Resolution Imaging Spectrometer），GOCI 数据（Geostationary Ocean Color Imager），SeaWiFS 数据（Sea Viewing Wide Field of View Sensor），SPOT 数据（Systeme Probatoire d'Observation dela Tarre），HJ 星数据（Environment and Disaster Monitoring and Forecasting Small Satellite Constellation）等。相对而言，Landsat 数据更适用于中小尺度水

域的悬浮泥沙遥感监测[6]，比如湖泊、大型水库和河口海岸区域，特别是综合考虑长时间序列的演变研究和空间分辨率两方面因素的悬浮泥沙遥感监测。

　　Landsat 系列卫星于 1972 年 7 月 23 日首次发射升空，目前总共发射了 8 颗。其中，Landsat 1~4 均相继失效退役，Landsat 6 发射失败；Landsat 7 的扫描行校正器（scan line corrector）自 2003 年 5 月 1 日出现技术故障，导致以后的影像数据都出现大量条带缺失值；Landsat 5 成功在轨运行 28 年，是全世界运行时间最长的资源卫星；Landsat 8 于 2013 年 2 月 11 日发射升空[183]，运行性能状态良好。Landsat 系列卫星运行情况见表 2.2。

表 2.2 　　　　　　　　　　Landsat 系列卫星运行情况

卫星	发射日期（年-月-日）	传感器	运行情况
Landsat 1	1972 - 07 - 23	MSS	运行至 1978 年
Landsat 2	1975 - 01 - 22	MSS	运行至 1982 年
Landsat 3	1978 - 03 - 05	MSS	运行至 1983 年
Landsat 4	1982 - 07 - 16	MSS、TM	运行至 2001 年
Landsat 5	1984 - 03 - 01	MSS、TM	运行至 2013 年
Landsat 6	199 - 10 - 05	ETM+	发射失败
Landsat 7	1999 - 04 - 05	ETM+	正常运行至今（有条带）
Landsat 8	2013 - 02 - 11	OLI、TIRS	正常运行至今

　　Landsat 系列卫星的优势还体现在其传感器载荷的良好继承性和延续性上，见表 2.2 和表 2.3。Landsat 1~3 传感器载荷是 4 通道多光谱扫描仪（multi spectral scanner，MSS）；除 MSS 之外，Landsat 4~5 还携带了 7 通道的专题制图仪（Thematic Mapper，TM），性能有了显著提升；Landsat 7 传感器载荷是 8 通道的增强型专题制图仪（Enhanced Thematic Mapper Plus，ETM＋）；Landsat 8 传感器载荷包括陆地成像仪（Operational Land Imager，OLI）和热红外传感器（Thermal Infrared Sensor，TIRS）。OLI 传感器不仅包含 ETM＋传感器所有的波段，为了避免大气吸收特征，还对对波段进行了重新调整，比较大的调整是 OLI 第五波段排除了 825nm 处水汽吸收特征。Landsat 系列卫星传感器载荷性能详情见表 2.3，其概略类型及作用见表 2.4。可知，Landsat 系列传感器载荷呈现波段数量增多，波段范围变窄的趋势。其信噪比不断提高，信息量更多更丰富，对地表的观测能力也更强[184]。

　　本书所利用的 Landsat 遥感影像数据由 USGS 提供的 Landsat L1T（Level1 Terrain Corrected）产品。1987—2015 年共获取覆盖 3 个研究区 199 景遥感影像。其中，珠江河口海岸（东四口门）112 景，韩江河口海岸 50 景，漠阳江河

表 2.3　　　　　**Landsat 系列卫星携带传感器的基本参数**

波　段		类型	波长范围/nm	分辨率	
				空间/m	时间/d
MSS 传感器					
Landsat 1～3	Landsat 4～5				
MSS－4	MSS－1	绿	500～600	78	Landsat 1～3, 18; Landsat 4～5, 16.
MSS－5	MSS－2	红	600～700		
MSS－6	MSS－3	红与近红外	700～800		
MSS－7	MSS－4	近红外	800～1100		
TM 传感器 Landsat 4～5					
1		蓝	450～520	30	16
2		绿	520～600		
3		红	630～690		
4		近红外	760～900		
5		短波红外	1550～1750		
6		热红外	1040～1250	120	
7		短波红外	2080～2350	30	
ETM＋传感器 Landsat 6～7					
1		蓝	450～515	30	16
2		绿	525～605		
3		红	630～690		
4		近红外	775～900		
5		短波红外	1550～1750		
6		热红外	1040～1250	60	
7		短波红外	2090～2350	30	
8		全色	520～900	15	
OLI 和 TIRS 传感器 Landsat 8					
1		蓝	433～453	30	16
2		蓝绿	450～515		
3		绿	525～600		
4		红	630～680		
5		近红外	845～885		
6		短波红外	1560～1660		
7		短波红外	2100～2300		
8		全色	500～680	15	
9		短波红外	1360～1390	30	
10		热红外	1060～1120	100	
11		热红外	1150～1250		

口海岸 37 景。Landsat 遥感数据产品经过了严格的质量控制，空间精度优于 0.5 个像元。所有波段数据为 tiff 格式影像组成的压缩文件，为了方便存储和数据传输，波段数据存储为 DN（digital number）值。

表 2.4　　　　　　　　　　卫星传感器载荷波段概略类型及作用

波段类型	特　征　及　作　用
蓝光波段	对水体的穿透力最强，位于叶绿素的吸收区； 水深度判别，可用来判别水深、浅水地形，进行水系、浅海水域制图。叶绿素含量的监测[185,186]
绿光波段	位于健康绿色植物的反射峰附近，对水体具有一定的穿透力； 识别植物类别和评价植物生产力，水体浑浊度对水体污染特别是金属和化学污染的研究效果好[187,188]
红光波段	位于叶绿素的主要吸收带，对水中悬浮泥沙含量敏感； 是识别植被并判断其生长状况最重要的波段[189]；悬浮泥沙含量监测[190]
近红外波段	位于植物的高反射区，水体强吸收区； 识别植物的类别、覆盖度、生长力、病虫害等信息[191]。绘制水体边界、探测土壤湿度，识别相关地质地貌、土壤岩石类型
短波红外波段	通常有两个短波红外波段（1.6μm 附近和 2.1μm 附近），分别对应着两个水分吸收带，前者对植物和土壤水分敏感，后者被称为"地质波段"[192]； 识别土壤、植被水分[193]，可区分云与雪[194]。可区别岩石类别、探测与交代岩石有关的黏土矿物
全色波段	光谱范围广，空间分辨率高； 用来增强多波段影像的锐度，辅助解译工作[195,196]
海岸/气溶胶波段	测量海洋水色要素和大气气溶胶[197]；卷云波段，用以进行更好的云量计算

2.2.3　基础地理信息数据

研究所利用的基础地理信息数据主要包括水文、气象数据，数字高程数据（DEM）和 MODIS 土地利用/覆盖数据，用于辅助分析河口海岸悬浮泥沙时空演变规律。

本书研究所采用的气象数据主要来自中国气象数据网（http://data.cma.cn/）。该气象云门户应用系统是中国气象科学数据共享网的升级系统，国家科技基础条件平台的重要组成部分。主要由中国气象局国家气象信息中心资料服务室建设管理。其中，气象资料服务室提供的《中国地面气候资料日值数据集（V3.0）》包含了中国 824 个基准、基本气象站 1951 年 1 月以来本站气象要素日值数据，主要有气压、气温、降水量、蒸发量、相对湿度、风向风速、日照时数和 0cm 地温等 8 种要素。数据集中 1951—2010 年数据基于地面基础气象资料建设项目归档的"1951—2010 年中国国家级地面站数据更正后的月报数据文件（A0/A1/A）基础资料集"研制；2011

年 1 月至 2012 年 5 月数据基于各省上报到国家气象信息中心的地面月报数据文件（A 文件）研制；2012 年 6—7 月数据基于国家气象信息中心实时库数据研制；实时库中该部分数据来实时上传的地面自动站逐小时数据文件（Z 文件）及日值数据文件。该数据附加文件"数据集台站信息"中包含了 824 个基准、基本气象站的区站号、站名、省名、经度、纬度等信息。

数字高程数据（DEM）在水体识别、河流集雨区提取、水文过程模拟等许多方面都有着广泛的应用[199]。本书研究利用的 DEM 数据源自先进星载热发射和反射辐射仪（Advanced Spaceborne Thermal Emission and Reflection Radiometer）全球数字高程模型（Global Digital Elevation Model）。该数据覆盖范围为北纬 83°到南纬 83°之间的所有陆地区域[200]，由美国航天局（NASA）与日本经济产业省（METI）于 2009 年 6 月 29 日共同发布，空间分辨率为 1″（约 30 m）。

中分辨率成像光谱仪（MODIS）传感器是搭载在 Terra 和 Aqua 卫星上的一个重要的传感器，光谱范围宽，实现了从 $0.4\mu m$（可见光）到 $14.4\mu m$（热红外）全光谱覆盖[201]。在 Terra 和 Aqua 两颗卫星的相互配合下，每 1～2 天便可对地球表面重复观测一次[202]。

MODIS 陆地分类覆盖产品提供全球 500m 空间分辨率的陆地表面覆盖分类数据，是根据 Terra 和 Aqua 卫星一年观测所得的数据经过处理来描述土地覆盖类型。该产品提供了五种分类方案的土地覆盖类型结果：

（1）国际地圈生物圈计划（IGBP）全球植被分类方案[203]（17 类）。

（2）马里兰大学（UMD）植被分类方案[204]（14 类）。

（3）MODIS 提取净第一生产力（NPP）方案[205]（8 类）。

（4）MODIS 提取叶面积指数/光合有效辐射分量（LAI/FPAR）方案[206]（10 类）。

（5）植被功能型（plant functional types，PFTs）分类体系[207]（12 类）。

2.3 数据预处理

2.3.1 现场水体实测数据、水文和气象资料等预处理

现场实验的水体光谱数据不可避免地受到天空光的直射、反射及其他环境因素的影响，必须依据一定的方法［见式（2.1）］对其进行预处理——转化为受外界条件影响较小且只包含水体信号的离水辐射率。

已知，$L_{sw}=L_{au}-rL_{sky}$，其中 L_{sw} 为离水辐亮度；L_{au} 为水面以上的上行辐射亮度；L_{sky} 为天空光辐射亮度，r 为气-水界面对天空光的反射率，取决于太阳位置、观测几何、风速风向或海面粗糙度等因素。根据经验，结合实际操作，

平静水面可取值 0.022，风速为 5m/s 左右的情况下可取值 0.025，风速为 10m/s 左右的情况下，可取值 0.026～0.028。

可得水体遥感反射率为

$$R_{rs} = \frac{L_{sw}}{E_d} = \frac{L_{au} - rL_{sky}}{\pi L_{ad}} \tag{2.1}$$

式中：L_{ad} 为水面以上的下行辐射亮度；L_{sw} 为离水辐亮度；R_{rs} 为遥感反射率。

预处理过程主要基于 Matlab 平台实现。

2.3.2　遥感影像数据预处理

遥感影像数据的预处理主要包括几何校正（地理校正、图像配准、正射校正）、图像融合、镶嵌、裁剪、云检测及去除、阴影处理和大气校正等。本书研究的遥感影像数据主要为 Landsat 系列遥感影像数据。

本书所利用的是 Landsat 系列遥感影像的数据产品，该产品已经过几何校正，空间精度优于 0.5 个像元，已满足研究及实际应用需要；研究中涉及的图像融合、镶嵌和裁剪主要通过 ENVI、Arcgis 专业软件（包括基于 Java 平台对 Arcgis 软件相关功能进行二次开发）进行处理；遥感影像数据质量较低的区域（包含了云、阴影等信息）要通过 Matlab 平台直接在反演河口海岸悬浮泥沙含量的过程中进行掩膜处理。

卫星传感器在获取地表信息过程中同样不可避免地受到光照条件、观测角度以及大气分子、气溶胶和云粒子等大气成分吸收与散射（大气对太阳辐射和地面反射的散射和吸收）等的影响，遥感数据包含一定的非目标地物的成像信息，而利用遥感影像进行定量分析时要求必须已知地表目标的真实反射光谱，因此需要通过一些方法来消除这些大气影响，这些处理称为大气校正[208]。

大气校正方法主要分为两种类型：统计模型和物理模型[209]。常见的统计模型方法有黑暗像元法（dark object subtraction，DOS）[210-212]、直方图匹配法、基于地面线性回归模型法等[213]；常用的物理模型包括 MODTRAN 模型[213] 以及基于 MODTRAN 模型发展起来的 FLAASH（fast line – of – sight atmospheric analysis of spectral hyper – cubes）模型[214]、ATCOR（spatially adaptive fast atmospheric correction）模型和 6S 大气校正模型[215]。物理模型基于大气辐射传输理论，具有明确的物理意义，较统计模型具有更高的精度。

本书采用 LEDAPS（the landsat ecosystem disturbance adaptive processing system）系统对大量的长时间序列 Landsat 影像数据进行了批量大气校正，LEDAPS 下载地址为 http：//code.google.com/p/ledaps/。LEDAPS 是 NASA 资助开发的用于研究大陆区域森林的扰动、再生长和永久转换的项目，其核心

是 6S 大气校正模型[216]。6S 模型考虑了目标高度、非朗伯地表以及 CH₄、N₂O 和 CO 等气体吸收的影响，主要输入参数分为几何参数与大气参数，并为模型设定相应的大气模式。模型默认提供 6 种已知模式，还有 2 种自定义大气模式。在自定义模式中，用户可以自行给定水汽和臭氧浓度等参数，或者可以直接采用 LEDAPS 通过利用一些标准模式估算的水气浓度和臭氧浓度产品作为参数，因而更加准确。在 LEDAPS 提供的参数中，水汽数据源自美国国家环境预报中心（National Centers for Environmental Prediction，NCEP），臭氧数据源自臭氧总量探测仪（Total Ozone Mapping Spectrometer，TOMS）。相关研究表明，在全球范围，使用 LEDAPS 估算的 Landsat 地表反射率数据同 MODIS 地表反射率产品具有高度的一致性[217,218]，其均方根误差（Root Mean - Squared Deviation，RMSD）介于 1.3% ～ 2.8%。

基于现场水体实测数据，本研究同样分析了采用 LEDAPS 系统对 Landsat 遥感影像批量进行大气校正的精度。在现场水体实测光谱数据中，同步或准同步 Landsat 卫星过境（2h 以内）的共有 22 个数据，分别为：2012 年 11 月 2 日在珠江河口海岸实验的 6 个采样点；2013 年 12 月 1 日在韩江河口海岸实验的 9 个采样点；2013 年 12 月 6 日在漠阳河口海岸实验的 7 个采样点（见表 2.1）。为了验证遥感影像数据大气校正的精度，首先现场实验光谱数据通过对应的 Landsat 卫星传感器光谱响应函数等效转换为卫星影像遥感反射率，对于地面光谱模型应用到卫星遥感影像反演过程，这同样是关键的步骤。转换方法见式（2.2），其中 R（band）对应遥感影像的各个波段，band$_{min}$ 和 band$_{max}$ 表示该波段的光谱范围，$f(\lambda)$ 对应 landsat 卫星传感器的光谱响应函数。

$$R(\text{band}) = \frac{\sum_{\text{band}_{min}}^{\text{band}_{max}} f(\lambda_{\text{band}}) r(\lambda_{\text{band}})}{\sum_{\text{band}_{min}}^{\text{band}_{max}} f(\lambda_{\text{band}})} \tag{2.2}$$

本书在预处理后的遥感影像上提取了这 22 个同步实测数据所在像元及其周围 8 个像元反射率的平均值。然后分别计算了经光谱响应函数等效转换后的结果和从预处理后的遥感影像上提取的平均值这 2 组数据的均方根误差和平均相关误差来评价大气校正的结果。均方根误差和平均相关误差的计算方法见式（2.3）和式（2.4）。式中 x_i 代表观测值（实测数据），x_i' 代表模拟值或预测值（影像结果），i 表示第 i 个数据，n 代表数据量（数据总数）。本研究后续涉及精度评价部分，均用均方根误差和平均相关误差两个指标表示。

$$\text{RMSE} = \sqrt{\frac{\sum_{i=1}^{i=n} (x_i - x_i')^2}{n}} \tag{2.3}$$

$$\text{MRE} = \frac{\sum\limits_{i=1}^{i=n} \left| \dfrac{x_i - x_i'}{x_i} \right|}{n} \times 100\% \tag{2.4}$$

通过与现场实验光谱数据对比,发现经 LEDAPS 系统批量大气校正后的 Landsat 遥感影像具有较高的精度,可以满足河口海岸水体悬浮泥沙遥感反演应用。对红光波段而言,经大气校正后其均方根误差和平均相关误差分别为 0.0033、9.58%,近红外波段则分别为 0.00092、21.5%,对 Landsat 遥感影像大气校正后的验证精度结果如图 2.3 所示。

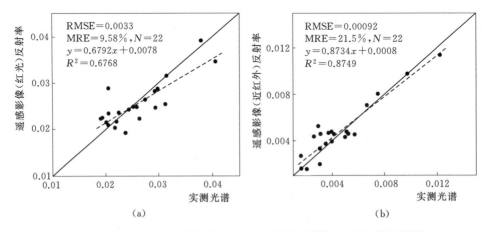

图 2.3 基于 LEDAPS 系统的 Landsat 卫星遥感影像大气校正精度评估
(与现场实测水体光谱数据对比)

2.4 本章小结

本章介绍了河口的概念和研究区、实验区的基本概况(徐闻近岸、漠阳江河口海岸、珠江河口海岸、韩江河口海岸和长江河口海岸),现场水体光谱信息利用 ASD 地物光谱仪按照水面之上测量法采集,悬浮泥沙含量基于称重法测定。Landsat 系列卫星传感器的基本性能及本书研究所利用到的其他基础地理信息数据。遥感数据预处理主要基于 ENVI、Arcgis 专业软件平台(包括基于 Java 语言对 Arcgis 的二次开发)和 LEDAPS(批量进行大气校正)系统,基于实测数据评价分析了遥感数据预处理之后的精度,表明 Landsat 卫星影像经预处理之后,能准确表征水体光谱信息,满足悬浮泥沙遥感反演的要求。实测数据、水文数据和气象数据的整理和预处理主要基于 Matlab 平台进行。

第 3 章

悬浮泥沙定量遥感反演模型研究

利用 2006—2013 年，徐闻近岸、漠阳江、珠江、韩江和长江河口海岸 5 个实验区实测的 119 个水体光谱及悬浮泥沙含量数据，本书尝试建立一种适用于水沙特征差异巨大的多个河口海岸区域的悬浮泥沙定量遥感反演模型。

3.1 既有悬浮泥沙反演模型的检验与验证

基于不同遥感数据，结合分析、半分析/半经验和经验方法，已有诸多专家学者建立了大量水体悬浮泥沙遥感反演模型，并且取得了很好的反演精度，得到了广泛的应用，1.2 节已对此进行了详细的总结阐述。在既有的各类悬浮泥沙反演模型中，尽管半经验和经验模型大多具有区域性和季节性的局限性，但半经验和经验模型所需要的数据源比较容易获取得到，可适用于大多数便于进行实验的区域，且在特定的范围内可获得较高的反演精度。因此，为了建立一种适用于多个河口近岸悬浮泥沙遥感反演模型，本书不仅考察了遥感波段及其组合变换形式与悬浮泥沙含量之间的相关性，而且对选取了既有的具有代表性的 20 多个基于 Landsat 遥感数据的悬浮泥沙反演模型（见表 3.1）进行了检验，以验证这些形式和既有模型在多个河口海岸水域反演悬浮泥沙的适用性。

表 3.1 既有的基于 Landsat 影像数据的悬浮泥沙含量或混浊度遥感反演模型

数据源	反演模型	研究区	参考
TM Bands 2，4	$TSS=29.022\exp[0.0335(B4/B2)]$	Gironde and Loire Estuaries	Doxaran 等（2003）
MSS Bands 5，6	$\ln(TSS)=1.4(B5/B6)^2-6.2(B5/B6)+10.8$	the Bay of Fundy and the Beaufort Sea	Topliss 等（1990）

续表

数据源	反 演 模 型	研究区	参考
TM Bands 1, 3, 4	$Turbidity = 11.31(B4/B1) - 2.03B3 - 16.42$	Chagan Lake	Song 等 (2011)
TM Band 4	$Turbidity = 16.1B4 - 12.7$	Nebraska Sand Hills Lakes	Fraser (1998)
TM Band 3	$Turbidity = 10B3 - 24.8$		
TM Band 1	$Turbidity = 19B1 - 97.9$		
TM Band 2	$Turbidity = 6.4B2 - 28$		
TM Band 3	$TSS = 69.39B3 - 201$	Ganges and Brahmaputra Rivers	Islam 等 (2001)
MSS Bands 1, 2	$\ln(TSS) = 2.71(B1/B2)^2 - 9.21(B1/B2) + 8.45$	Enid Reservoir in North Central Mississippi	Ritchie 和 Cooper (1991)
TM Band 3	$\lg(TSS) = 0.098B3 + 0.334$	Delaware Bay	Keiner 和 Yan (1998)
TM Bands 2, 3	$TSS = 0.7581\exp[61.683(B2 + B3)/2]$	Southern Frisian Lakes	Dekkera 等 (2001)
TM Bands 1, 3	$TSS = 0.0167\exp(12.3B3/B1)$	An Embayment of Lake Michigan	Lathrop 等 (1991)
TM/ETM+ Band 3	$\lg(TSS) = 44.072B3 + 0.1591$	Yellow River Estuary	Zhang 等 (2014)
TM Band 3	$TSS = 2.19\exp(21.965B3)$	Poyang Lake	Wu 等(2013)
TM Band 3	$TSS = -9275.78(B3)^3 + 8623.19(B3)^2 - 810.04B3 + 23.44$		
TM Bands 3, 4	$TSS = 5829.8(B3 - B4)^3 + 4165.09(B3 - B4)^2 - 189.88(B3 - B4) + 5.43$		
	$TSS = 3.411\exp[21.998(B3 - B4)]$		
OLI Bands 2, 3, 8	$TSS = -191.02B2 + 36.8B3 + 172.66B8 + 4.57$	新安江水库	张毅博 等 (2015)
TM Band 2	$B2 = 0.0044TSS + 2.5226$	Bhopal Upper Lake	Rao 等 (2009)
TM Bands 2, 3	$\lg(TSS) = 6.2244(B2 + B3)/B2B3 + 0.892$	Yangtze Estuary	Li 等 (2010)
TM Band 3	$TSS = 0.543B3 - 7.102$	Beysehir Lake	Nas 等 (2010)
TM Band 4	$TSS = 229457.695(B4)^2 + 146.462B4 + 5.701$	渤海湾	陈燕 等 (2014)

Pearson 相关系数定量衡量两个变量之间的线性相关程度［见式（3.1）］，是常规模型建立的重要参考指标。

$$P = \frac{\sum xy - \dfrac{\sum x \sum y}{N}}{\sqrt{\left(\sum x^2 - \dfrac{(\sum x)^2}{N}\right)\left(\sum y^2 - \dfrac{(\sum y)^2}{N}\right)}} \tag{3.1}$$

式中：P 为 Pearson 相关性；x、y 分别为卫星遥感波段或其组合变换数据与悬浮泥沙含量值；N 为样本个数。

首先，研究利用现场实测数据计算了卫星遥感各波段和悬浮泥沙含量（包括既有研究的遥感反演模型形式）的 Pearson 相关系数。Pearson 相关计算结果见表 3.2。

表 3.2　　　　　　　　　　卫星遥感波段与悬浮泥沙含量的相关性

波段及组合变换	Pearson 相关系数	
	TSS	lg（TSS）
蓝光波段	0.1974	0.2706
绿光波段	0.388	0.5331
红光波段	0.6735	0.8113
近红波段	0.888	0.7424
红光波段—近红波段	0.3656	0.6894
近红波段/红光波段	0.8408	0.5644
绿光波段/红光波段	−0.5782	−0.7932
绿光波段/近红波段	−0.5607	−0.6093
红光波段/蓝光波段	0.7231	0.8556
lg（绿）/lg（红）	0.7341	0.8823
lg（绿）/lg（近红）	0.8794	0.7394
lg（红）/lg（蓝）	−0.6477	−0.834
lg（近红）/lg（红）	−0.5373	−0.1516
泥沙指数	−0.7888	−0.5501

通过卫星遥感各波段和悬浮泥沙含量相关性分析结果，发现对本研究现场数据而言，近红波段与悬浮泥沙含量之间的相关性最大（$P = 0.888$），这一结果很好地验证了大量研究关于近红波段对悬浮泥沙具有较高敏感性的结论。并且国内外许多专家也都应用 Landsat 系列卫星红光波段反演了悬浮泥沙含量。因此，本研究基于 119 个有同步实测光谱的现场实测数据，结合最小二乘法建立了红光波段与悬浮泥沙含量的定量关系式。研究随机选取其中 84 个样本（现场

实测数据）进行基于红光波段的悬浮泥沙遥感反演模型的建立，结果如图 3.1 所示。发现尽管基于近红外波段反演悬浮泥沙含量时，其决定系数较高，达到了 0.7105，但数据的离散度很大（见图 3.1），在统计学上不具有显著性特征。基于余下的 35 个样本（现场实测数据）对该模型进行了精度验证。结果表明该模型的精度较低（见图 3.1），均方根误差为 33.25mg/L，平均相关误差达 82.5%，该模型很难开展实际应用。

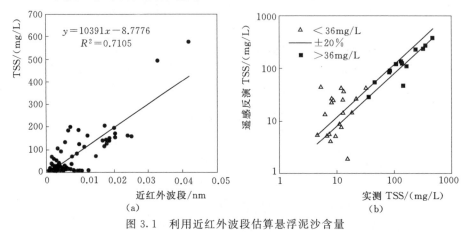

图 3.1　利用近红外波段估算悬浮泥沙含量

除此之外，研究也同时检验验证了其他的相关性较大的几种形式（见表 3.2）和既有悬浮泥沙遥感反演模型（见表 3.1），对这些形式进行了参数优化（本地化）和精度验证，研究展示了相关结果中最好的 5 个，如图 3.2 所示。

由重新检验验证既有悬浮泥沙遥感反演模型结果可知：既有的 Landsat 遥感反演模型在应用于本研究 5 个实验区时，模型精度与其原对应研究区相比较低。其中，Zhang 等的模型形式（单波段线性模型）决定系数最低，为 0.58［见图 3.2（e）］；Ritchie 等的模型形式（单波段二次模型）决定系数最高，为 0.784［见图 3.2（a）］。

基于另外的 35 个现场实测数据（TSS：4.5～474mg/L），研究同样对这些模型进行了精度评价，如图 3.2（b）、图 3.2（d）、图 3.2（f）、图 3.2（h）和图 3.2（j）所示。验证结果表明：Lathrop 等的模型（单波段指数模型）平均相对误差最小（39.4%），但均方根误差却达 50.26mg/L；Ritchie 等的模型的均方根误差最低（35.73mg/L），但平均相对误差高达 144.2%。考虑到这 35 个验证数据中有 22 个悬浮泥沙含量低于 36mg/L，很显然这两种模型形式难以直接应用于本书研究 5 个实验区的悬浮泥沙遥感反演。另外 3 种模型形式的验证精度各有差异，但同样难以同时适用于多个河口近岸水体悬浮泥沙含量遥感反演。其中，多波段组合线性模型［见图 3.2（c）和图 3.2（d）］的均方根误差和平均相对误差分别为 69.3mg/L，45%；单波段线性模型［见图 3.2（e）和图 3.2

（f）］的均方根误差和平均相对误差分别为 82.7mg/L，48%；多波段组合二次模型［见图 3.2（i）和图 3.2（j）］的均方根误差和平均相对误差分别为 68.7mg/L，41.3%。在既有的悬浮泥沙遥感反演模型中，非线性的波段比率二次函数模型［见图 3.2（i）和图 3.2（j）具有较高的建模和验证精度，但其仍然难以满足实际应用。研究期望建立一种具有更高建模和验证精度的模型，并且能同时适用于水沙特征差异巨大的多个河口近岸。

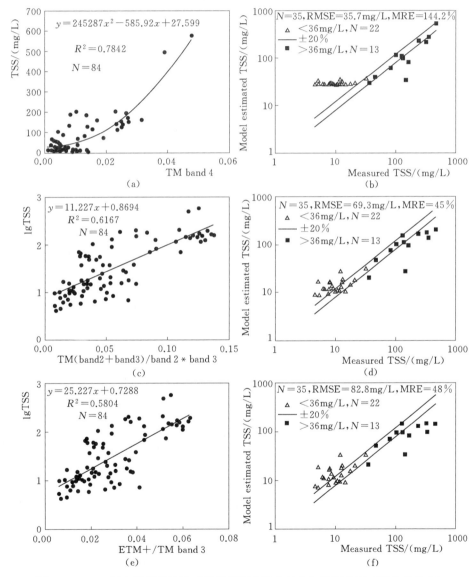

图 3.2（一）　既有悬浮泥沙遥感反演模型参数本地化和精度验证（最优的 5 个）

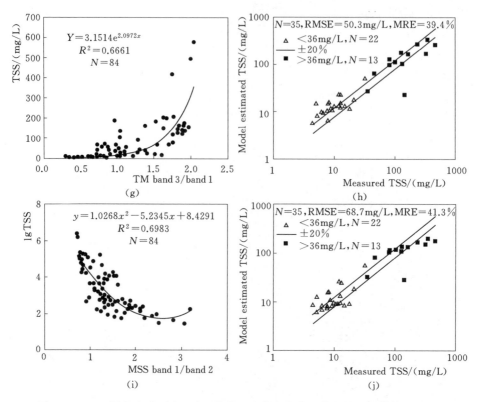

图 3.2（二）　既有悬浮泥沙遥感反演模型参数本地化和精度验证（最优的 5 个）

3.2　优化的悬浮泥沙遥感反演方法（QRLTSS 模型）

前面已经计算了红光波段、近红外波段对数转换后的比率与悬浮泥沙含量数据的相关性结果，可知这种形式的线性相关程度并不高，与原始悬浮泥沙数据相关性为 −0.5373，与对数转换后的悬浮泥沙数据的相关性更低，在 0.2 以下。然而，注意到在美国 Apalachicola 海湾、长江河口近岸和徐闻珊瑚礁自然保护区基于 MODIS 数据的水体悬浮泥沙遥感反演应用中，其模型都充分利用了红光波段、近红外波段对数转换后的比率与悬浮泥沙含量数据这一组合形式。经过分析，发现这些成功应用的案例大多是基于非线性形式来反演悬浮泥沙含量的，而 Pearson 相关系数却恰恰只能反映是两组变量之间的线性相关程度，难以表征非线性关系或都对非线性关系没有指示意义。

结合以上分析，为了建立一种具有更高精度的、可适用于多个河口近岸的 Landsat 悬浮泥沙反演模型，本书充分借鉴这些基于 MODIS 影像的悬浮泥沙定量遥感反演模型，对 Ritchie 等的二次函数模型［见图 3.2（i）和图 3.2（j）］形式进行进一步的优化，以期得到一个精度更高的 Landsat 悬浮泥沙遥感反演模型。

本书研究首先对 Ritchie 等所利用的近红外和红光波段数据都进行了对数变换，然后以对数转换后的悬浮泥沙含量结果为自变量，以红光波段、近红外波段对数转换后的比率为因变量，最后建立了两者之间的二次函数方程，即 QR-LTSS 模型，结果如图 3.3 所示。

由图 3.3 可以知：不论是对于 Landsat OLI 传感器，ETM＋传感器或 TM 传感器，基于近红外波段和红光波段对数转换后的比率和悬浮泥沙含量对数转换结果的二次函数模型［QRLTSS，见式（3.2）］都比大部分既有的 Landsat 模型有更高的建模精度，决定系数为 0.7079～0.7181。

$$\frac{\lg R_1}{\lg R_2} = a(\lg \text{TSS})^2 + b\lg \text{TSS} + c \qquad (3.2)$$

式中：R_1、R_2 分别为 OLI 传感器，ETM＋传感器和 TM 传感器对应的近红外波段，红光波段遥感反射率；TSS 为悬浮泥沙含量，mg/L；参数 a、b、c 对应 OLI 传感器，ETM＋传感器和 TM 传感器稍有差异，如图 3.3 所示。

本书建立的 QRLTSS 悬浮泥沙反演模型与 Ritchie 等建立的波段比率二次模型相比，不仅改进了其模型的形式（增加了对遥感反射率数据的对数转换），而且由近红外波段代替原来的绿光波段，充分利用了近红外波段和红光波段对水体悬浮泥沙含量的不同敏感性。许多研究已表明，红光波段反射率会随着悬浮泥沙含量的升高而增大，但悬浮泥沙含量达到一定的悬浓度后，红光波段反射率则不再增大；近红外波段反射率则对低浓度的悬浮泥沙含量不敏感，在高浓度水平悬浮泥沙含量的水体，则会随着悬浮泥沙含量的升高而增大。QRLTSS 悬浮泥沙反演模型比 Chen 等和 Wang 等建立的 MODIS 模型更为复杂，Chen 等和 Wang 等建立的模型是线性或指数形式，属于简单的单调函数。在一定的区间，单调函数可能会出现过估计现象，即自变量（波段反射率）的微小变化会引起因变量（悬浮泥沙含量）固定数值或过大、过小改变，这种变化与实际情况不相符。

在模型形式上，本书建立的 QRLTSS 悬浮泥沙反演模型与 Chen 等建立的 MODIS 悬浮泥沙反演模型相似。尽管这些模型都是二次函数形式，但它们仍然存在差异。不同于本书建立的 QRLTSS 悬浮泥沙反演模型和 Chen 等（2015b）建立的 MODIS 模型是一个完整的二次函数曲线，Chen 等（2009b）和 Chen 等（2011a）建立的 MODIS 模型只包含二次函数曲线的一侧（实质上仍然是单调函数），这使得 Chen 等（2009b）和 Chen 等（2011a）的 MODIS 模型不能很好地适用于悬浮泥沙含量有巨大差异的水体。在 Chen 等（2009b）和 Chen 等

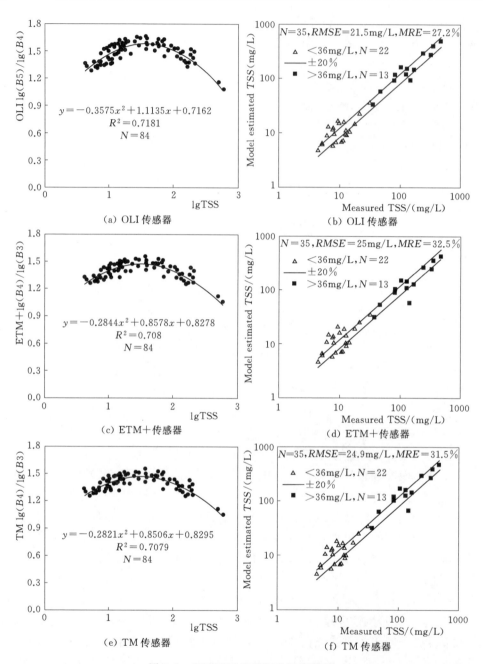

图 3.3　QRLTSS悬浮泥沙反演模型

（2011a）的研究中，其研究区的水体悬浮泥沙含量最高为 165mg/L，而在本书研究的 5 个实验区中，只有徐闻海岸水体悬浮泥沙含量小于 100mg/L，其余 4

个实验区（漠阳江河口海岸，珠江口，韩江河口海岸，长江口）水体悬浮泥沙含量最大值都大于 200mg/L，特别是长江河口近岸，悬浮泥沙含量更高。Chen 等（2015b）的研究区仅仅包括徐闻珊瑚礁保护区（低浑浊度的水体）和长江河口近岸（悬浮泥沙含量特别高的水体），这使得 Chen 等（2015b）建立的 MODIS 模型在低或高悬浮泥沙含量的水体区域比中等浑浊度的水体区域具有更高的反演精度。本书所利用的现场实测数据，不仅包括了 Chen 等（2015b）研究区的全部数据，而且还包含了来源于广东省漠阳江、珠江和韩江河口海岸区域的实测数据。这 3 个区域的水体悬浮泥沙含量一般要高于徐闻近岸，而低于长江河口。因此，本书所利用的现场实测数据比 Chen 等（2015b）的研究更多，而且数据更加连续，有助于提高模型的精度高和鲁棒性。本书建立的 QRLTSS 悬浮泥沙反演模型要优于 Chen 等（2015b）建立的 MODIS 模型。

要指出的是，因为 QRLTSS 悬浮泥沙反演模型是二次函数，遥感反射率对应两个悬浮泥沙含量结果［见式（3.2）］。因此，基于遥感影像反演悬浮泥沙含量时，需要选出二次函数解中正确的方程根。通过解算 QRLTSS 悬浮泥沙反演模型，可求得该二次函数模型的顶点值坐标对应的悬浮泥沙含量（OLI：36.1mg/L，ETM＋/TM：32.2mg/L）。另一方面，本书观察到用于验证的 35 个实测数据中，根据红光波段反射率可将其悬浮泥沙含量分为两类（仅有 1 个数据点例外）。也就是说，当对应的 Landsat OLI 传感器红光波段反射率小于 0.032 时，该数据点悬浮泥沙含量也小于 36.1mg/L，反之则大于 36.1mg/L（见图 3.4）；对于 Landsat ETM＋/TM 传感器，当红光波段反射率小于 0.031 时，该数据点悬浮泥沙含量小于 32.2mg/L，反之则大于 32.2mg/L（见图 3.4）。因此，在遥感反演水体悬浮泥沙含量的过程中［见式（3.3）］，红光波段反射率可以作为选择二次函数方程解的依据，用于遥感影像反演。当红光波段反射率值小于 0.032（OLI 传感器）或 0.031（ETM＋/TM 传感器）时，方程选择正根，反之则选择负根，式（3.3）中相关参数及取值参照式（3.2）和图 3.3 所示。

$$\lg TSS = \frac{-b \pm \sqrt{b^2 - 4a\left(c - \dfrac{\lg R_1}{\lg R_2}\right)}}{2a}, \quad b^2 - 4a\left(c - \frac{\lg R_1}{\lg R_2}\right) \geqslant 0 \qquad (3.3)$$

基于本书建立的 QRLTSS 悬浮泥沙反演模型、解算此模型的方法和 35 个现场实测数据对 QRLTSS 模型进行了检验验证。结果表明 QRLTSS 模型在应于多个河口近岸水体悬浮泥沙反演时具有更高的精度（尽管模型的决定系数不是特别高，只有 0.72 左右，见图 3.2）。但是，对应于 Landsat OLI，ETM＋和 TM 传感器模型的验证精度都远远高于既有模型（见表 3.1），均方根误差和平均相

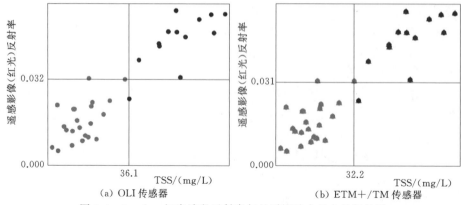

图 3.4 Landsat 红光波段反射率与悬浮泥沙含量之的间关系

对误差分别为 21.5mg/L 和 27.2% ［OLI，见图 3.2 （b）］，25mg/L 和 32.2%
［ETM＋，见图 3.2 （d）］，24.9mg/L 和 31.5% ［TM，见图 3.2 （f）］。相对
于 Ritchie 等建立的模型，QRLTSS 模型的建模和验证精度都了提升，特别是验
证精度的提高，更有利于模型的实际应用。

考虑到用于模型建立和验证数据的巨大差异，把 35 个验证数据分成两部分
做进一步检验。分别为，高悬浮泥沙含量 （大于 36mg/L 的部分，36.2～
474mg/L，见图 3.2 中的黑色正方形点）和低悬浮泥沙含量 （小于 36mg/L 的部
分，4.5～32.2mg/L，见图 3.2 中的空心三角形点）。对于低悬浮泥沙含量部分
的验证，对应 Landsat OLI，ETM＋和 TM 传感器模型的均方根误差和平均相
对误差分别为 3.5mg/L 和 31% ［见图 3.2 （b）］，4.6mg/L 和 39% ［见图 3.2
（d）］，4mg/L 和 35% ［见图 3.2 （f）］；对高悬浮泥沙含量部分，均方根误差
和平均相对误差则分别为 35mg/L 和 20.7% ［见图 3.2 （b）］，40mg/L 和
20.3% ［见图 3.2 （d）］，40.6mg/L 和 25% ［见图 3.2 （f）］。对悬浮泥沙含
量高、低两部分进一步的验证结果也都表明，相对于既有 Landsat 模型 （见表
3.1 和图 3.2），本书建立的 QRLTSS 悬浮泥沙遥感反演模型具有更高的精度。
既有的模型和本书优化建立的 QRLTSS 模型详细的验证分析结果如图 3.2、图
3.3 和表 3.3 所示。

表 3.3　　　　　　　 QRLTSS 模型和既有模型建模及验证精度的对比

模　　型	决定系数 R^2	验证精度 ［RMSE/(mg/L)，MRE/%］		
		全部 (4.5～474mg/L)	低浓度部分 (<36mg/L)	高浓度部分 (>36mg/L)
Chen 等 （2014）	0.7842	35.7，144.2	18.35，215.58	53.56，23.5
Li 等 （2010）	0.6167	69.3，45	5.66，52.6	113.48，32.1

续表

模 型		决定系数 R^2	验证精度 [RMSE/(mg/L), MRE/%]		
			全部 (4.5~474mg/L)	低浓度部分 (<36mg/L)	高浓度部分 (>36mg/L)
Zhang 等（2014）		0.5804	82.8, 48	6.56, 53.9	135.54, 38.15
Lathrop 等（1991）		0.6661	50.3 39.4	6.12, 44.6	82.09, 30.57
Ritchie 和 Cooper（1991）		0.6983	68.7, 41.3	7.24, 44	112.32, 36.6
QRLTSS 模型	OLI	0.7181	21.5, 27.2	3.57, 31.1	35.1, 20.7
	ETM+	0.708	25, 32.5	4.63, 39.6	40.7, 20.3
	TM	0.7079	24.9, 31.5	4.02, 35.3	40.6, 25.1

此外，由表 3.3 可知，基于 Landsat OLI 传感器的 QRLTSS 悬浮泥沙反演模型的精度要高于 ETM+/TM 传感器。这主要得益于对 OLI 传感器波段的重新优化设计。为了减少大气吸收的影响，OLI 传感器去除了近红外波段在825nm 处的水汽吸收带，调整优化的近红外波段为 850~880nm；而 ETM+/TM 传感器的近红外波段分别为 770~900nm 和 760~900nm，都包含了 825 nm 处的水汽吸收带。另外，ETM+/TM 传感器的红光波段均为 630~690nm，与OLI 传感器的红光波段（640~670nm）稍有差异。由于 ETM+/TM 传感器波段设置差异较小，因此对应 ETM+/TM 传感器的优化模型差异很小 [见图 3.3 (c) ~图 3.3 (f)]。

3.3　基于同步遥感影像验证 QRLTSS 模型精度

基于同步/准同步于现场实验的卫星遥感影像（经过预处理），本书对建立的 QRLTSS 悬浮泥沙模型的适用性和精度做了进一步的验证。首先利用QRLTSS 悬浮泥沙模型 [见式 (3.2)] 反演了同步于现场实验的漠阳江河口海岸 [2013 年 12 月 1 日，OLI：path/row=123/45，见图 3.5 (a)]，珠江口 [2012 年 11 月 2 日，ETM+：path/row=122/45，见图 3.5 (b)] 和韩江河口海岸 [2013 年 12 月 6 日，OLI：path/row=120/44，见图 3.5 (c)] 的悬浮泥沙含量，并基于同步现场实测悬浮泥沙含量数据对遥感反演结果进行了精度评估 [见图 3.5 (d)]，进而验证了 QRLTSS 模型的精度，如图 3.5 所示。

由 3 个河口海岸区域悬浮泥沙遥感反演结果可知，2013 年 12 月 1 日，漠阳江河口海岸悬浮泥沙含量具有显著的空间异质性 [见图 3.5 (a)]，悬浮泥沙含量最高达 203.9mg/L，最低值仅为 0.557mg/L。悬浮泥沙含量在漠阳江河口、近海岸处远远大于远海区域，特别是在河口附近区域，悬浮泥沙平均含量为

0.557 ▮ TSS(mg/L) 203.9

（a）漠阳江河口海岸（OLI；2013 年 12 月 1 日）

缺失同步数据

1.17 ▮ TSS(mg/L) 28.96

（b）珠江河口海岸（ETM＋；2012 年 11 月 2 日）

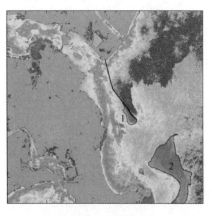

0.295 ▮ TSS(mg/L) 370.4

（c）韩江河口海岸（OLI；2013 年 12 月 6 日）

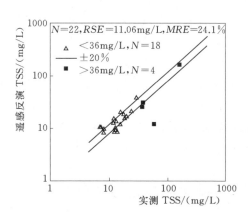

（d）遥感反演结果的精度评价检验

图 3.5　基于 QRLTSS 模型反演的悬浮泥沙含量

154.2mg/L。在远海区域，悬浮泥沙含量通常低于 35mg/L，最高也不超过 60mg/L。因此，在漠阳江河口海岸存在很多"羽状锋"，悬浮泥沙的空间分布呈现出"肺"状。这种空间格局主要由漠阳江河流径流和潮汐综合作用形成的。漠阳江河口海岸的同步遥感影像获取时间为北京时间上午 11 点，此时，漠阳江河口海岸处于落潮阶段，河流挟带大量泥沙注入海洋，从而造成漠阳江河口海岸区域悬浮泥沙含量的空间分布特征。

　　如图 3.5（b）所示，2012 年 11 月 2 日，珠海、澳门和香港附近区域悬浮泥沙含量与漠阳江河口海岸有较大的差异。珠海、澳门和香港附近区域悬浮泥沙含量很低，平均值小于 12mg/L。珠海、澳门和香港附近区域悬浮泥沙含量有一处显著的变化趋势，即从西北（珠海、澳门附近区域）到东南（香港附近区域）悬浮泥沙含量逐渐升高。悬浮泥沙在该区域的空间分布特点主要由径流和潮汐作用下的底部泥沙再悬浮造成。为了保护中华白海豚的生存和发展以及珠江河口海岸的生物多样性，我国于 2003 年在该区域设立了中华白海豚自然保护区（约 460km²，http：//www.cwd.gov.cn/index.asp），包括了珠海海岸到香港水域的大部分区域［图 3.5（b），虚线框所示］。得益于严格的管理措施和人类活动，该时期悬浮泥沙含量处于较低水平，最大值仅为 29mg/L。

与漠阳江河口海岸、珠江河口海岸悬浮泥沙相比，2013 年 12 月 6 日韩江河口海岸悬浮泥沙含量显示了更大的空间异质性，变化范围为 0.295～370.4mg/L［见图 3.5（c）］。研究发现韩江河口海岸悬浮泥沙含量较高的区域集中在两个显著的"羽状锋"范围内［见图 3.5（c）中区域 1 和区域 2］。在区域 1 中，悬浮泥沙含量最大值为 370.4mg/L，平均值 167.91mg/L；在区域 2 中，悬浮泥沙含量大部分为 20～110mg/L，最大值为 127.14mg/L，平均值为 61.57mg/L。另外，在汕头市濠江区沿岸有一个狭长的区域悬浮泥沙含量较高。在韩江河口海岸悬浮泥沙含量较高的几个区域，其影响因素不同。在区域 1 中，韩江西溪和榕江的径流携带泥沙流至连接汕头市龙湖区的一个堤坝时，形成了较的泥沙再悬浮现象，造成了区域 1 悬浮泥沙含量较高；在区域 2 中，径流和洋流的相互作用造成了该区域悬浮泥沙含量较高。除区域 1 和区域 2 之外，韩江河口海岸悬浮泥沙大约在 50mg/L，与 Ding 等的研究结果基本一致。总之，韩江河口海岸悬浮泥沙含量在河口近岸区域高于远海区域。

基于珠江、韩江和漠阳江河口海岸区域的 22 个同步实测数据，图 3.5（d）显示了 QRLTSS 悬浮泥沙定量遥感模型在实际应用中的精度。结果表明，基于 QRLTSS 定量遥感模型反演河口海岸悬浮泥沙具有较高的精度，均方根误差和平均相对误差分别为 11.06mg/L，24.1%。

除 Landsat 遥感影像数据外，研究还获取了一景同步于在珠江河口海岸现场水体实验（2006 年 12 月 21 日）的地球观测卫星-1（EO-1）Hyperion 影像（path/row=122/44）。基于 Hyperion 影像和同步现场水体采样数据，本书对 QRLTSS 悬浮泥沙模型做了进一步的检验和验证。QRLTSS 悬浮泥沙模型应用于 EO-1 Hyperion 影像反演悬浮泥沙含量时，本书以 EO-1 Hyperion 影像的第 31 波段（660.85nm）和第 48 波段（833.83nm）分别代表红光波段和近红波段输入，最终反演的悬浮泥沙含量和精度验证结果如图 3.6 所示。

2006 年 12 月 21 日，基于 Hyperion 影像数据反演得到珠江河口海岸悬浮泥沙含量显示了巨大的空间分异性，变化范围为 1.79～361.6mg/L，平均值为 124.4mg/L［见图 3.6（a）］。整体来看，该时段珠江河口海岸悬浮泥沙含量高值区和低值区自北向南相间分布。悬浮泥沙含量较低的区域主要分布在深水道和海珠区以东海岸（中华白海豚自然保护区）；珠江入海不同分支（虎门、蕉门、洪奇门和横门）的径流或盐水契出现的地方常常伴随着悬浮泥沙含量高值区。与 EO-1 Hyperion 影像同步的 13 个现场实测数据的悬浮泥沙含量都比较高，在 106～220.7mg/L 之间。与利用 Hyperion 影像反演的悬浮泥沙含量结果相比较［见图 3.6（b）］，本书的研究发现 QRLTSS 悬浮泥沙定量遥感模型具有很好的鲁棒性和普适性。Hyperion 影像反演结果的均方根误差和平均相对误差分别为 26.66mg/L，12.6%，显示了较高的精度，如图 3.6（b）所示。

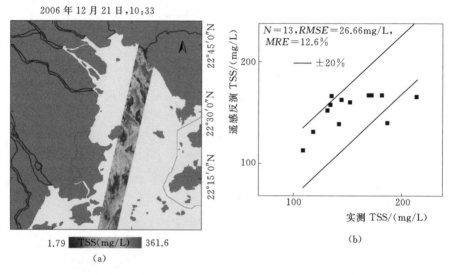

图 3.6 基于 QRLTSS 模型反演珠江河口海岸（Hyperion：2006 年 12 月 21 日）的悬浮泥沙含量以及对反演结果的精度评价检验

3.4 本章小结

基于在徐闻海岸、漠阳江、珠江、韩江和长江河口海岸的大量现场实测数据（119 个），本章首先检验、验证了既有 Landsat 悬浮泥沙遥感反演模型的适用性；结果表明既有模型在应用于多个河口海岸悬浮泥沙遥感反演时，适用性不高，精度偏低，不能很好满足实际需要。研究分析了从多个河口海岸获取的实测数据的特征，并参考了基于 MODIS 传感器的悬浮泥沙遥感反演模型，最终建立了在多个河口海岸适用性较好、精度较高、基于 Landsat 卫星的 QRLTSS 悬浮泥沙遥感反演模型。QRLTSS 模型决定系数约为 0.72（TSS：4.3～577.2mg/L，$N=84$，$P<0.001$），均方根误差和平均相对误差分别为 21.5～

25mg/L 和 27.2%～32.5%（TSS：4.5～474mg/L，$N=35$）。

　　基于 Landsat 遥感影像对 QRLTSS 模型的验证结果表明，现场实测悬浮泥沙含量与同步/准同步的覆盖珠江、漠阳江和韩江河口海岸区域的遥感影像反演的悬浮泥沙含量结果有很好的一致性，均方根误差和平均相对误差分别为 11.06mg/L 和 24.1%（TSS：7～160mg/L，$N=22$）。此外，同步的 EO-1 Hyperion 影像反演的悬浮泥沙含量证明了 QRLTSS 模型在较高浓度悬浮泥沙含量区域（珠江口－伶仃洋）同样具有很高的精度（TSS：106～220.7mg/L，RMSE：26.66mg/L，MRE：12.6%，$N=13$）。因此，QRLTSS 模型具有更高精度和很好的鲁棒性，普适性也较好。

第 4 章

河口海岸悬浮泥沙时空演变规律

应用第 3 章已建立的 QRLTSS 模型，本章基于 1987—2015 年 Landsat 卫星长时间序列遥感数据集，逐像元计算了珠江、漠阳江以及韩江河口海岸 3 个区域近 30 年以来的悬浮泥沙含量，并分析了其空间格局及时序变化规律和趋势。

4.1 珠江河口海岸悬浮泥沙时空演变规律

4.1.1 珠江口悬浮泥沙空间变化特征

研究在珠江河口海岸（集中在东四口门）共获取有效 Landsat 系列遥感影像 112 景（1987—2015 年）。其中，洪季影像 60 景，枯季 52 景。112 景遥感影像数据的详细信息如图 4.1 所示；珠江口"三滩两槽"及白海豚保护区空间位置如图 4.2 所示。

研究首先根据珠江河口海岸反演的悬浮泥沙含量长时间序列结果，计算了多年平均值并分析了悬浮泥沙含量的整体概况，如图 4.3 所示。

如图 4.3 所示，近 30 年以来，珠江口悬浮泥沙含量空间差异显著。悬浮泥沙含量为 3.37～469.5mg/L，平均值为 127.8mg/L。珠江口"三滩两槽"及珠江中华白海豚国家级自然保护区（白海豚保护区）悬浮泥沙含量平均值为 80～191.5mg/L（见图 4.3 和表 4.1）。珠江口东四口门（虎门、蕉门、洪奇门、横门）及其下游区域悬浮泥沙含量显著高于珠江口东南外海区域（见图 4.3）。东四口门下游到淇澳岛一带的区域悬浮泥沙含量最高，悬浮泥沙含量几乎都在 200mg/L 以上，平均值为 249mg/L；香港离岛以东水域悬浮泥沙含量最低，平均值小于 30mg/L。

珠江口"三滩两槽"以及白海豚保护区 6 个子区域中，西部浅滩区域悬浮

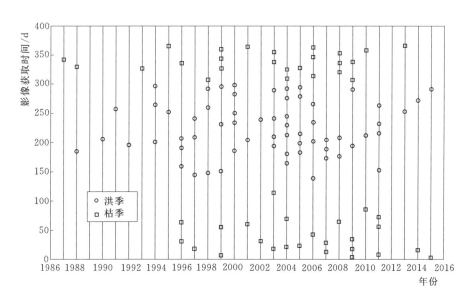

图 4.1　珠江口遥感数据及洪、枯季分布

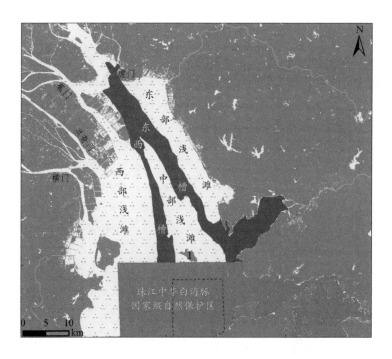

图 4.2　珠江口"三滩两槽"及白海豚保护区空间位置示意图

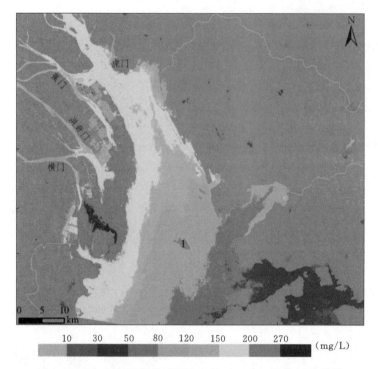

图 4.3　珠江河口海岸悬浮泥沙含量 1987—2015 年平均结果

泥沙含量最高，平均值为 191.5mg/L（见表 4.1），主要原因是西部浅滩区域受东四口门径流影响最大，泥沙再悬浮现象也比较严重；在东部浅滩区域，悬浮泥沙含量也比较高，主要原因是该区域泥沙再悬浮现象同样比较显著，而且人类活动如渔业生产、旅游观光和口岸建设等对此影响较大[88,219]。白海豚保护区悬浮泥沙含量最低，平均值为 80mg/L（见表 4.1）。西槽和白海豚保护区区域悬浮泥沙含量受到西部浅滩区域浑浊水体影响较大。西槽、中部浅滩、东槽和东部浅滩区域悬浮泥沙含量平均值分别为 150.8mg/L，127.3mg/L，111.7mg/L，149.9mg/L（见表 4.1）。东槽是珠江口洋流和潮汐的主要通道，因此该区域的悬浮泥沙含量低于其他滩槽区域。因东、西两槽对东、西两滩浑浊水体的阻挡作用，中部浅滩区域悬浮泥沙含量显著低于东、西两滩区域。西槽区域悬浮泥沙含量和东部浅滩大致处于同一水平，平均比东槽区域悬浮泥沙高出 40mg/L（见表 4.1）。空间分布上，珠江口悬浮泥沙含量呈现显著的自各口门下游至东南外海区域降低趋势，平均每千米悬浮泥沙含量降低 5.86mg/L。珠江口悬浮泥沙空间分布差异巨大，其原因主要是径流出东四口门入海后沿中山、珠海东岸向西南方向流动，潮流则由东南向西北方向运动所致。

表 4.1　　　　1987—2015 年珠江口及其 6 个子区域悬浮泥沙含量平均值

子区域	悬浮泥沙含量平均值/(mg/L)	子区域	悬浮泥沙含量平均值/(mg/L)
西部浅滩	191.5	东槽	111.7
西槽	150.8	东部浅滩	149.9
中部浅滩	127.3	白海豚保护区	80

4.1.2　珠江口悬浮泥沙洪、枯季周期及趋势变化

除了珠江口过去 30 年的平均分布之外，本书也计算了珠江口 1987—2015 年间每年洪、枯季悬浮泥沙含量的平均值。由珠江口每年洪、枯季悬浮泥沙的平均结果可以直观地发现洪季珠江口悬浮泥沙含量具有显著的周期变化规律。本书以 2003—2010 年珠江口悬浮泥沙洪季的平均值（见图 4.4）为例，来说明珠江口洪季悬浮泥沙含量的周期变化规律。

由图 4.4 可知，2003—2010 年这个周期内，珠江口悬浮泥沙含量自 2003 洪季到 2006 年洪季逐渐增加（2006 年洪季值相对最高），2006 年洪季到 2010 年洪季又逐渐降低。其中，珠江口悬浮泥沙含量在 2008 年洪季相对较高，研究认为主要原因是我国 2008 年南方严重的冰雪灾害。一方面，严重的冰雪灾害预示着异常的气候变化，而气候的异常变化又会造成流域上游输沙来水的波动变化[220,221]；另一方面，严重的冰雪灾害造成了灾区（我国南方地区）大范围的土地覆盖变化，如森林、农田作物损坏以及房屋受损等。这些因素进一步造成了水土流失。此外，灾后重建工作一直持续到 2008 年 8 月。所有的这些因素最终都可能会造成到珠江口悬浮泥沙含量的增加。

通过珠江口每年洪、枯季悬浮泥沙含量的平均结果，研究直观发现 1987—2015 年珠江口洪季悬浮泥沙存在五个显著的变化周期，分别为 1988—1994 年、1994—1998 年、1998—2003 年、2003—2010 年、2010—2015 年。本书的研究结果与吴创收等在珠江流域的研究结论基本一致，其研究结果表明，珠江流域输沙量存在 4～8 年的周期变化[221]。陆文秀等基于长时间序列气象资料数据发现珠江流域降水存在 6～8 年的主要周期变化[222]。Dai 等和吴创收等进一步证明了珠江流域悬浮泥沙的周期变化的主要原因是由珠江流域降雨引起的[220,221]。通过与既有研究对比可知，本书研究基于遥感反演发现的珠江口洪季悬浮泥沙含量的周期变化规律是科学的和客观的，因为珠江口区域的降雨多集中在洪季。

枯季，珠江口悬浮泥沙含量则没有显著的周期变化规律（枯季悬浮泥沙的遥感反演结果不再展示，具体参见 4.1.3 节的数值统计分析）。

基于以上对珠江口悬浮泥沙含量周期变化的分析，研究进一步计算了珠江

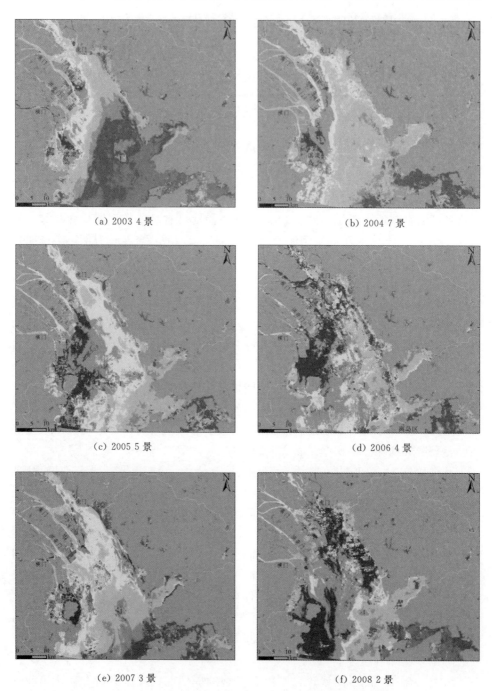

(a) 2003 4 景   (b) 2004 7 景

(c) 2005 5 景   (d) 2006 4 景

(e) 2007 3 景   (f) 2008 2 景

图 4.4（一）　2003—2010 年珠江口每年洪季悬浮泥沙含量的平均值

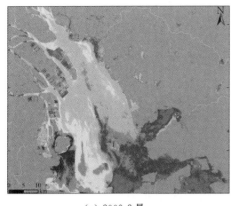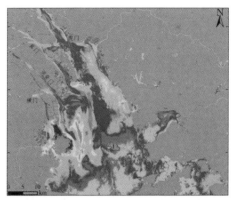

（g）2009 2 景　　　　　　　　　　　　　　（h）2010 1 景

图 4.4（二）　2003—2010 年珠江口每年洪季悬浮泥沙含量的平均值

口每一个周期内（以洪季周期变化的时间为标准）洪、枯季悬浮泥沙含量的平均值，以便在珠江口悬浮泥沙含量周期变化基础上，同时分析其在长时间序列上是否具有显著的趋势变化（增加或减少）。

如图 4.5（a）、图 4.5（c）、图 4.5（e）、图 4.5（g）、图 4.5（i）所示，1988—1994 年洪季（第一个周期），珠江口悬浮泥沙含量平均值在五个周期中最高［见图 4.5（a）］。在距珠江口东四口门东南方向 15km 范围内的区域，悬浮泥沙含量平均值大于 270mg/L（浑浊水体）；几乎整个珠江口悬浮泥沙含量都超过 50mg/L［见图 4.5（a）］。第二个周期（1994—1998 年）洪季，珠江口的东部浅滩、东槽和香港离岛水域的悬浮泥沙含量［见图 4.5（c）］的平均值显著低于第一个周期的平均值。此外，第二个周期内浑浊水体的分布范围也有所减少，主要分布在距蕉门、洪奇门和横门口东南方向 12km 的区域［见图 4.5（c）］。与珠江口第一、第二个周期内洪季悬浮泥沙含量的平均结果相比，1998—2003 年（第三个周期）洪季珠江口悬浮泥沙含量的平均值显著降低［见图 4.5（e）］。浑浊水体分布范围显著减少，而悬浮泥沙含量平均值低于 80mg/L 的区域则显著增加［见图 4.5（e）］。整个珠江口范围，第三个周期内洪季悬浮泥沙含量基本上都低于 200mg/L。由图 4.5（g）可知，第四个周期内（2003—2010 年）洪季珠江口悬浮泥沙含量平均值一般低于第三个周期，特别是在东部浅滩和东槽区域［见图 4.5（g）］。珠江口悬浮泥沙含量平均值在第五个周期（2010—2015 年）洪季最低［见图 4.5（i）］。第五个周期内，除西部浅滩外洪季珠江口大部分区域悬浮泥沙含量平均值都低于 80mg/L，白海豚保护区悬浮泥沙含量最低，平均小于 30mg/L。由以上珠江口五个周期内洪季悬浮泥沙含量的平均结果［见图 4.5 (a)、图 4.5 (c)、图 4.5 (e)、图 4.5 (g)、图 4.5 (i)］可知，洪季，珠江口悬浮泥沙含量在 1987—2015 年间存在显著的降低趋势。

枯季，珠江口悬浮泥沙含量对应五个周期内的平均结果变化较小［见图 4.5 (b)、图 4.5 (d)、图 4.5 (f)、图 4.5 (h)、图 4.5 (j)］。相对而言，珠江口西部浅滩区域枯季悬浮泥沙含量在第一个周期［1988—1994 年，见图 4.5 (b)］高于其他四个周期；珠江口西槽、中部浅滩和东槽区域枯季悬浮泥沙含量在第二个周期［1994—1998 年，见图 4.5 (d)］要高于其他四个周期。总之，珠江口枯季悬浮泥沙含量没有显著的变化趋势。

基于长时间序列观测数据（水文、气象和统计数据），已有研究表明自 20世纪 80 年代以来，珠江流域输沙量呈现显著的降低趋势；并且，珠江流域输沙量逐渐减少的主要原因是流域上游大坝的蓄水拦沙作用[220,221]。众所周知，珠江流域洪季的径流量和输沙量比枯季要大的多，并且珠江流域上游大坝的蓄水调节作用在洪季更为明显。因此，本书研究通过遥感反演研究得出的珠江口悬浮泥沙含量洪季（显著的降低趋势）、枯季（无明显变化）的不同变化趋势就得到了很好的解释。

4.1.3　珠江口悬浮泥沙时空变化规律

基于以上珠江口悬浮泥沙含量遥感反演结果及直观的周期和趋势变化分析初步结果（见图 4.4 和图 4.5），本节对 1987—2015 年间珠江口的"三滩两槽"和白海豚保护区悬浮泥沙含量的洪、枯季时空演变规律进行定量的统计分析。

(1) 西部浅滩洪季。如图 4.6 所示，珠江口西部浅滩悬浮泥沙含量平均值为 231.9mg/L，存在五个显著的"先升高再降低"的周期变化［见图 4.6 (b)，圆点的黑色虚线拟合线］，变化周期为 5～8 年，平均变化幅度（振幅）为 82mg/L，各周期时间节点分别为 1988 年、1994 年、1998 年、2003 年、2010 年和 2015 年。这一研究结果与吴创收等的研究结论（珠江流域年输沙量存在 4～8 年的年际周期变化规律）基本一致[221]。珠江口悬浮泥沙含量的周期变化主要原因是对珠江流域降雨的周期性变化的响应[220-222]。此外，西部浅滩洪季悬浮泥沙含量在周期振荡变化中同时呈现显著的降低趋势，平均每年降低约 9.1mg/L［见图 4.6 (b)，圆点的拟合线表 4.2］。基于水文和气象观测资料，相关研究表明，受上游大坝蓄水拦沙作用影响，自 20 世纪 80 年代以来珠江流域输沙总量呈现降低趋势[220,221]，与本书基于遥感反演研究所得结论一致。

(2) 西部浅滩枯季。珠江口西部浅滩悬浮泥沙含量在平均值 163.5mg/L 上

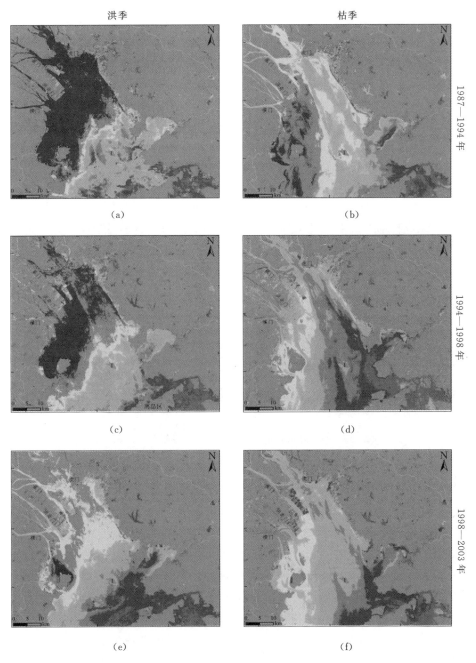

图 4.5（一）　珠江口五个周期内洪季 ［(a)、(c)、(e)、(g)、(i)］、
枯季 ［(b)、(d)、(f)、(h)、(j)］ 悬浮泥沙含量的平均值及变化趋势

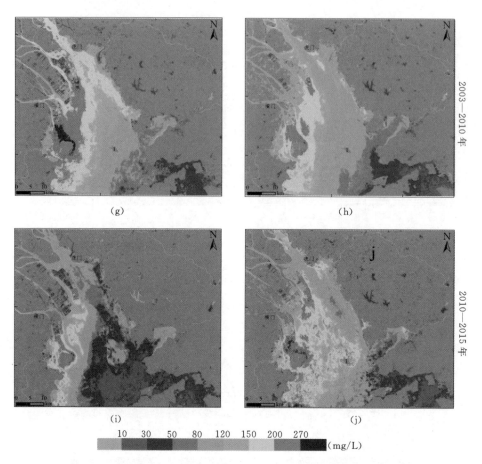

图 4.5（二）　珠江口五个周期内洪季［（a）、（c）、（e）、（g）、（i）］、
枯季［（b）、（d）、（f）、（h）、（j）］悬浮泥沙含量的平均值及变化趋势

下波动，但是并没有发现显著的周期变化和趋势，变化相对较小［见图 4.5
（b），方块的拟合线，表 4.2］。珠江口西部浅滩悬浮泥沙含量，洪季平均高出枯
季 68mg/L（见表 4.2），但 2010—2014 年，枯季悬浮泥沙含量反而高于洪季，
到 2015 年，枯季悬浮泥沙含量则降低至极低水平。研究推测造成这种现象有两
个原因：一是 2010 年以后，人为活动（主要是相关调控措施）对此影响加大，
此时正是国务院正式批复《广州南沙新区发展规划》的实施期；二是 2013 年、
2014 年枯季悬浮泥沙含量处于历史较高水平，正当港珠澳大桥的开工建设期，
到 2015 年建设接近尾声。珠江口西部浅滩每年洪、枯季悬浮泥沙含量的平均结
果（见图 4.6）表明，珠江口西部浅滩洪季悬浮泥沙有显著的年际周期变化和降
低趋势，枯季悬浮泥沙含量变化很小（见表 4.2）。

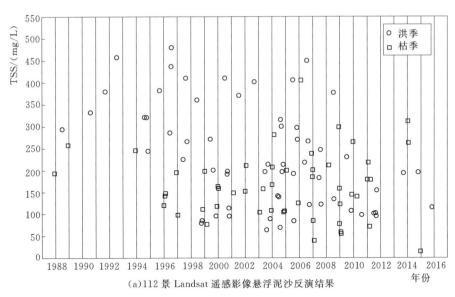

(a)112 景 Landsat 遥感影像悬浮泥沙反演结果

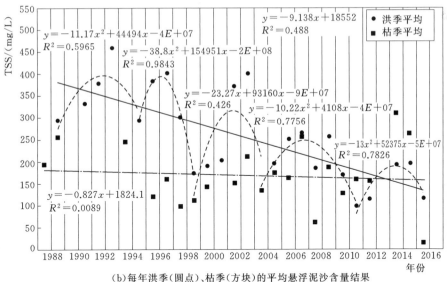

(b)每年洪季(圆点)、枯季(方块)的平均悬浮泥沙含量结果

图 4.6　近 30 年珠江口西部浅滩悬浮泥沙洪、枯季含量及变化趋势

注：圆点的虚线拟合线和实线拟合线分别代表洪季悬浮泥沙的周期变化和长期趋势变化；方块的实线拟合线代表枯季悬浮泥沙的长期趋势变化（图 4.7～图 4.10 与图 4.6 相似）。

（3）西槽洪季。近 30 年以来，珠江口西槽悬浮泥沙含量的变化周期、长期变化趋势同西部浅滩区域基本一致（见图 4.7）。呈现五个以 5～8 年为周期的"先升高再降低"的振荡周期变化［见图 4.7（b），圆点的虚线拟合线］，平均变化幅度（振幅）为 75mg/L（见表 4.2），各个周期时间节点同样为 1988 年、1994 年、1998 年、2003 年、2010 年和 2015 年。西槽洪季悬浮泥沙含量同样呈现较为显著的降低趋势，平均每年降低约 8.8mg/L［见图 4.7（b），圆点的实线拟合线；表 4.2］，变化速率略低于西部浅滩区域（见表 4.2）。近 30 年以来，珠江口西槽区域洪季悬浮泥沙含量平均值为 189.5mg/L，较西部浅滩区域低约 42mg/L（见表 4.2）。

（4）西槽枯季。珠江口西槽悬浮泥沙含量平均值为 121.7mg/L，呈现相对较弱的增加趋势，平均每年升高约 2.1mg/L［见图 4.7（b），方块的实线拟合线；表 4.2］；珠江口西槽区域悬浮泥沙含量，枯季平均比洪季低 67.8mg/L（见表 4.2）。同样在 2010—2014 年，西槽区域枯季悬浮泥沙含量反而高于洪季，到 2015 年，枯季悬浮泥沙含量则降低至极低水平，推测原因与珠江口西部浅滩区域相似，受广州南沙新区发展规划和港珠澳大桥建设影响较大；与珠江口西部浅滩区域相比，珠江口西槽区域枯季悬浮泥沙含量低约 41.8mg/L（见表 4.2）。同珠江口西部浅滩区域相似，西槽区域洪季悬浮泥沙有显著的年际周期变化和降低趋势，但是，西槽区域枯季悬浮泥沙含量存在微弱的增加趋势（见表 4.2）。

（5）中部浅滩洪季。与珠江口西部浅滩和西槽区域悬浮泥沙含量降低趋势相比中部浅滩区域悬浮泥沙含量降低趋势有所减弱，平均每年降低约 5.7mg/L［见图 4.8（b），圆点的实线拟合线；表 4.2］，变化速率约西部浅滩和西槽区域的 65%（见表 4.2）；不同于珠江口西部浅滩和西槽区域，近 30 年来，中部浅滩区域洪季悬浮泥沙含量存在四个显著的"先升高再降低"周期变化［见图 4.8（b），圆点的虚线拟合线］，平均变化幅度（振幅）为 65mg/L（见表 4.2）。各个周期对应时间节点为 1994 年、1998 年、2003 年、2010 年、2015 年，对应珠江口西部浅滩和西槽区域悬浮泥沙周期变化的后四个周期。未能检测到 1988—1994 年的周期变化可能与吴创收等研究中表明的珠江流域输沙量在 1984—1993 年处于由气候变化引起先降后增（1989—1993 年主要呈增加趋势）的波动状态相对应[221]；与其他时段相比，在 1988—1994 年，西槽对西部浅滩浑浊水体的阻挡作用相对更为强烈，使得中部浅滩悬浮泥沙的周期变化特征相对较弱。珠江口中部浅滩区域悬浮泥沙含量近 30 年洪季平均值为 150.1mg/L，较西部浅滩和西槽区域分别低约 81.8mg/L、39.4mg/L（见表 4.2）。

（6）中部浅滩枯季。近 30 年以来，珠江口中部浅滩区域悬浮泥沙含量平均值为 112.5mg/L，略低于西槽区域枯季悬浮泥沙含量的平均值（见表 4.2），但中部浅滩区域悬浮泥沙含量增加趋势较西槽区域更为明显，平均每年升高约 2.9mg/L［见图 4.8（b），方块的实线拟合线；表 4.2］；珠江口中部浅滩区域枯季悬浮泥沙含量平均比洪季低 37.6mg/L（见表 4.2），与西部浅滩和西槽区域

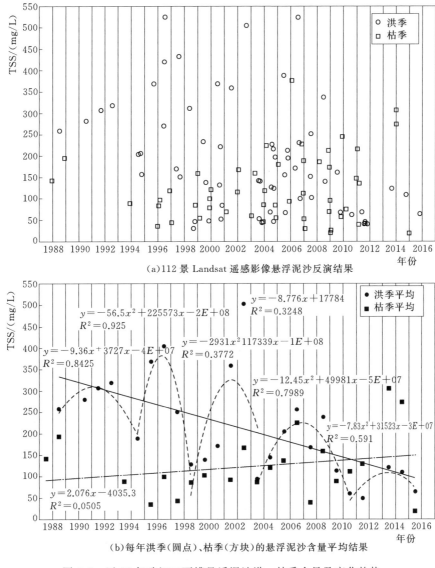

(a)112 景 Landsat 遥感影像悬浮泥沙反演结果

(b)每年洪季(圆点)、枯季(方块)的悬浮泥沙含量平均结果

图 4.7   近 30 年珠江口西槽悬浮泥沙洪、枯季含量及变化趋势

相似,在 2013 年、2014 年,中部浅滩区域枯季悬浮泥沙含量处于历史最高水平,远远大于洪季,到 2015 年,洪季、枯季悬浮泥沙含量则同时降低到了较低水平。与珠江口西部浅滩和西槽区域相比,尽管中部浅滩区域悬浮泥沙在洪季具有相似的周期变化和降低趋势变化特征,但是其枯季的增加趋势有所增强(见表 4.2)。

(7)东槽洪季。近 30 年以来,珠江口东槽悬浮泥沙含量的变化周期、趋势

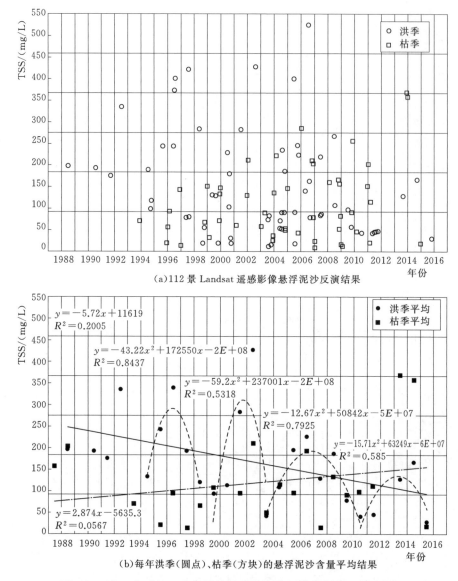

(a)112 景 Landsat 遥感影像悬浮泥沙反演结果

(b)每年洪季(圆点)、枯季(方块)的悬浮泥沙含量平均结果

图 4.8　近 30 年珠江口中部浅滩悬浮泥沙洪、枯季含量及变化趋势

和中部浅滩区域基本一致（见图 4.9）。存在四个显著的"先升高再降低"周期变化 [见图 4.9（b），圆点的虚线拟合线]，平均变化幅度（振幅）为 55mg/L（见表 4.2），各个周期对应时间节点与中部浅滩区域相同；珠江口东槽洪悬浮泥沙含量平均每年降低约 7.5mg/L [见图 4.9（b），圆点的实线拟合线]，降低趋势比中部浅滩区域剧烈，但弱于西槽区域（见表 4.2）；珠江口东槽区域悬浮泥

沙含量近 30 年洪季平均值为 139.6mg/L，略低于中部浅滩区域（10.5mg/L）（见表 4.2）。

（8）东槽枯季。珠江口东槽区域悬浮泥沙含量相对较低，平均值为 84.9mg/L，约为该区域洪季悬浮泥沙含量平均值的 60%，比同时期中部浅滩区域低 27.6mg/L（见表 4.2），无显著的周期变化和趋势变化［见图 4.9（b），方块的实线拟合线］。总之，珠江口东槽区域悬浮泥沙含量洪、枯季的时空变化特征与中部浅滩区域相似（见表 4.2）。

（9）东部浅滩。如图 4.10 所示，近 30 年以来，珠江口东部浅滩区域洪季悬浮泥沙含量的变化周期、趋势和中部浅滩、东槽区域基本一致（见表 4.2）。在洪季共检测到四个显著的周期变化［见图 4.10（b），圆点的虚线拟合线］，平均变化幅度（振幅）为 75mg/L，各个周期时间节点与中部浅滩和东槽区域相同，分别为 1994 年、1998 年、2003 年、2010 年、2015 年；近 30 年以来，珠江口东部浅滩悬浮泥沙含量降低趋势明显，平均每年降低约 10.1mg/L［见图 4.10（b），圆点的实线拟合线］，降低趋势比珠江口其他两滩和两槽区域强烈（见表 4.2）。珠江口东部浅滩区域悬浮泥沙含量近 30 年洪季平均值为 185.3mg/L，与西槽区域大致处于同一水平，高出东槽区域约 46mg/L（见表 4.2）。

（10）东部浅滩枯季。珠江口东部浅滩区域悬浮泥沙含量相对较低，平均值为 115.5mg/L，约为该区域洪季水平的 62%，比同时期东槽区域高 30.6mg/L（见表 4.2），并且没有显著的周期变化和趋势变化［见图 4.10（b），方块的实线拟合线］。珠江口东部浅滩悬浮泥沙的年际周期变化和长期趋势变化与东槽区域相似，主要发生在洪季，枯季变化相对较小（见表 4.2）。

（11）白海豚保护区。白海豚保护区悬浮泥沙含量相对较低，近 30 年以来洪季、枯季平均值分别为 87.7mg/L 和 79.4mg/L，洪季、枯季差异很小（见图 4.11 和表 4.2）；白海豚保护区悬浮泥沙洪季存在与中部浅滩、东槽、东部浅滩区域一致的"先升高再降低"的振荡变化周期，但变化幅度（振幅）相对较小，约为 35mg/L（见表 4.2）；此外，近 30 以来该区域悬浮泥沙含量不论洪季还是枯季，长期变化趋势不明显［呈微弱的降低趋势，见图 4.11（b）］。但是，2003 年前后的洪季变化趋势有很大的差异［见图 4.11（b）］。1987—2003 年，白海豚保护区洪季悬浮泥沙含量无明显变化趋势［见图 4.11（b）］，但在 2003 年以后，呈现出显著的降低趋势，悬浮泥沙含量平均每年减少 9.7mg/L［见图 4.11（b）］。研究认为，2003 年 6 月，国务院正式批准珠江口中华白海豚省级自然保护区升级为国家级自然保护区，保护区的建立最大限度地减少了该区域人为活动的干扰，有力地保护了该区域水质水环境的安全与生物多样性，是该区域 2003 年以后洪季悬浮泥沙含量出现显著下降的主要原因。

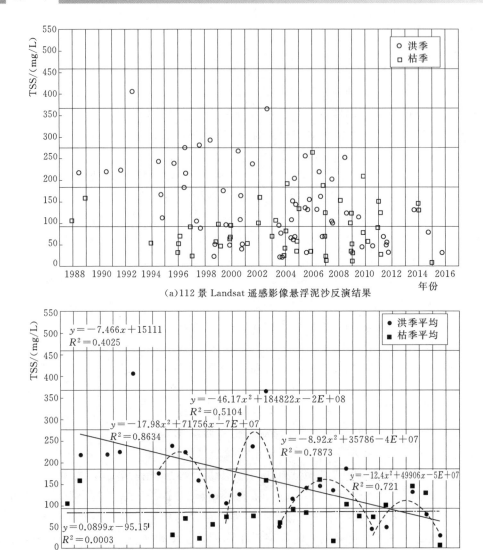

图 4.9　近 30 年珠江口东槽悬浮泥沙洪季、枯季含量及变化趋势

　　通过以上分析可知，珠江口悬浮泥沙含量空间分布和洪季、枯季变化都存在显著的差异。尽管珠江口三滩两槽及白海豚保护区的悬浮泥沙含量在变化周期和趋势方面相似，并且主要表现为洪季变化，枯季变化相对很小，但是各个子区域之间却存在很大差异（见表 4.2）。洪季，西部浅滩区域悬浮泥沙含量最高，多年平均值为 231.9mg/L，是白海豚保护区平均悬浮泥沙含量（87.7mg/L）的近 3 倍；西槽和东部浅滩区域悬浮泥沙含量比较接近，分别为 189.5mg/L

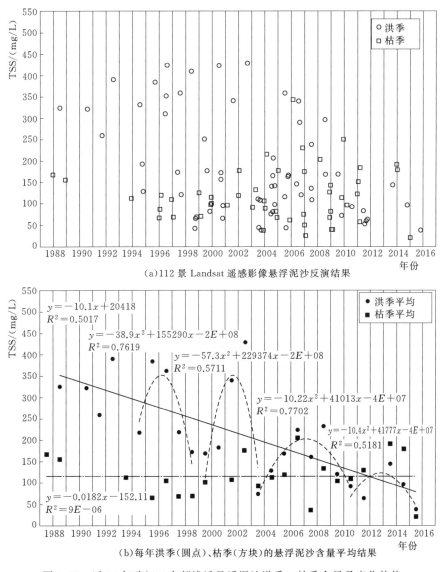

(a)112 景 Landsat 遥感影像悬浮泥沙反演结果

(b)每年洪季(圆点)、枯季(方块)的悬浮泥沙含量平均结果

图 4.10　近 30 年珠江口东部浅滩悬浮泥沙洪季、枯季含量及变化趋势

和 185.3mg/L；中部浅滩区域悬浮泥沙含量平均值相对较低，为 150.1mg/L；东槽区域更低，为 139.6mg/L（见表 4.2）。由于珠江流域降雨的周期变化[220-222]，导致了珠江口各子区域悬浮泥沙含量在洪季都呈现显著的以 5~8 年为周期的振荡变化规律。但是，各个区域的周期变化幅度各有差异，悬浮泥沙含量高的区域其振幅一般也比较大（见表 4.2）；洪季，各个区域悬浮泥沙含量在周期变化过程中，同时呈降低趋势，主要影响因素是上游大坝的蓄水拦沙作

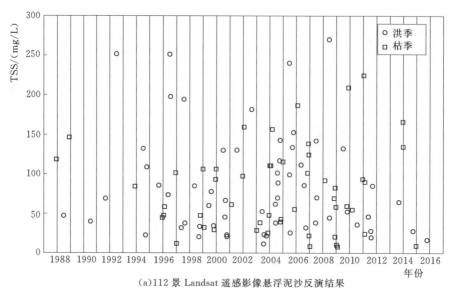

（a）112 景 Landsat 遥感影像悬浮泥沙反演结果

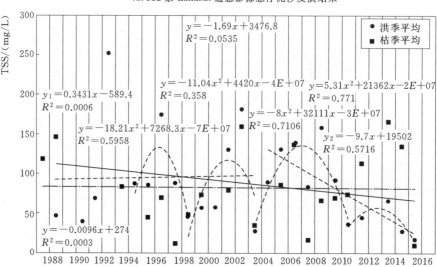

（b）每年洪季（圆点）、枯季（方块）的悬浮泥沙含量平均结果

图 4.11　近 30 年白海豚保护区悬浮泥沙洪季、枯季含量及变化趋势

注：圆点的虚线拟合线和实线拟合线分别代表洪季悬浮泥沙的周期变化和长期趋势变化；圆点的两段虚线拟合线分别代表悬浮泥沙含量 2003 年前后的变化趋势；方块的实线拟合线代表枯季悬浮泥沙的长期趋势变化。

用[220,221]；其中，东部浅滩和白海豚保护区悬浮泥沙含量变化速率最大，平均每年降低约 10mg/L，西部浅滩和西槽区域悬浮泥沙含量平均每年降低约 9mg/L，中部浅滩和东槽区域悬浮泥沙含量变化相对较小，平均每年减少 5.7mg/L 和 7.5mg/L（见表 4.2）。枯季，西部浅滩同样是珠江口悬浮泥沙含量最高区域，平均为 163.5mg/L（见表 4.2）；白海豚保护区枯季悬浮泥沙含量平均比洪季低 8.3mg/L，洪枯季变化不大；东、西两槽和东部、中部两滩区域，洪枯季差异比较接近，平均为 38~70mg/L（见表 4.2）；枯季，除西槽和中部浅滩区域悬浮泥沙含量有较弱的增加趋势外（平均每年分别增加 2.1mg/L 和 2.9mg/L。主要原因可能是为了避免咸潮入侵的水量调控作用），其余各滩槽区域和白海豚保护区悬浮泥沙含量没有显著的变化规律和趋势（见表 4.2）。

表 4.2　近 30 年来珠江口三滩两槽和白海豚保护区悬浮泥沙含量变化规律

区域	平均值/（mg/L）		周期/年，个数，振幅/（mg/L）		趋势/[mg/(L·a)]	
	洪季	枯季	洪季	枯季	洪季	枯季
西部浅滩	231.9	163.5	5~8，5，82		−9.1	
西槽	189.5	121.7	5~8，5，75		−8.8	2.1
中部浅滩	150.1	112.5	5~8，4，65		−5.7	2.9
东槽	139.6	84.9	5~8，4，55		−7.5	
东部浅滩	185.3	115.5	5~8，4，75		−10.1	
白海豚保护区	87.7	79.4	5~8，4，35		−9.7（2003 年以后）	

基于长期水文资料和气象数据，既有研究[220,221]已表明珠江流域自 20 世纪 80 年代以来入海的径流量和输沙量均呈下降趋势，同时呈出以 4~8 年为周期的变化规律。但是，既有研究较难体现出河口海岸区域悬浮泥沙含量的空间分布及不同区域变化趋势的巨大差异。此外，本书进一步证明了悬浮泥沙的降低趋势和周期变化规律（5~8 年）主要体现在洪季，枯季变化相对较小。当前，基于遥感方法的相关研究[13,61,94,180,223]，大多侧重于泥沙遥感反演模型的建立，在悬浮泥沙的时空演变规律方面研究还不充分。本研究利用了遥感的现场直观优势，以长时间序列 Landsat 卫星影像数据为基础，通过的遥感大数据分析了珠江口各个滩槽区域和白海豚保护区悬浮泥沙含量的空间分布、洪季、枯季长期变化规律和趋势，探讨了各个滩槽区域之间共性和差异。相关结果对既有研究是一种很好的补充和检验，有助于更深刻地认识河口海岸悬浮泥沙含量的时空演变规律。

4.2　漠阳江、韩江河口海岸悬浮泥沙时空演变规律

4.2.1　漠阳江、韩江河口海岸悬浮泥沙空间变化特征

1987—2015 年近 30 年间，本研究在漠阳江河口海岸共获取高质量 Landsat 系列遥感影像 37 景，其中，洪季影像 16 景，枯季影像 21 景。数据缺失的情况

比较严重，还有数据受到云等因素的影响较大，如 1997 年 11 月 24 日的遥感影像、2008 年 7 月 17 日的遥感影像等。遥感影像数据的详细信息如图 4.12 和表 4.3 所示。在韩江河口海岸区域共获取高质量 Landsat 系列遥感影像 50 景。其中，洪季影像 29 景，枯季影像 21 景，同样存在数据缺失和受云影响的情况，但各年份洪季、枯季有所差异。韩江河口海岸遥感数据详情如图 4.13 和表 4.3 所示。与在珠江口研究所使用的影像数据相比，漠阳江和韩江河口海岸的遥感影像数据密度相对较低。

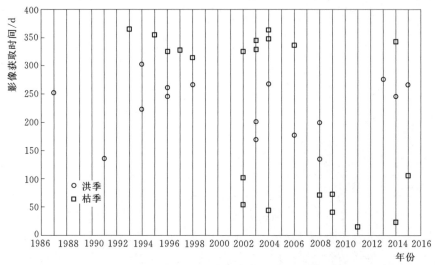

图 4.12　漠阳江遥感影像数据及洪季、枯季分布

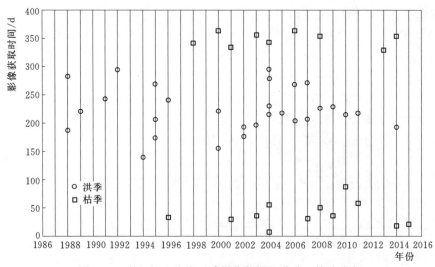

图 4.13　韩江河口海岸遥感影像数据及洪季、枯季分布

表 4.3 　　　漠阳江和韩江河口海岸 Landsat 遥感影像及洪季、
枯季分布详细信息统计

年份	漠阳江有效影像数据		韩江有效影像数据	
	洪季	枯季	洪季	枯季
1987	1			
1988			2	
1989			1	
1990				
1991	1		1	
1992			1	
1993				
1994	2		1	
1995		1	3	
1996	2	1	1	1
1997		1		
1998	1	1		1
1999				
2000			2	
2001				2
2002		3	2	
2003	2	2	1	2
2004	1	3	3	4
2005			1	
2006	1	1	2	1
2007			2	1
2008	2	1	1	2
2009		2		
2010			1	1
2011		1	1	1
2012				
2013	1			1
2014	1	2	1	2
2015	1	1		1

基于 QRLTSS 定量遥感反演模型，结合覆盖漠阳江和韩江河口的卫星遥感影像，根据漠阳江和韩江河口海岸反演的悬浮泥沙含量长时间序列结果，计算了漠阳江和韩江河口海岸近 30 年以来的平均值并分析了两个河口区域悬浮泥沙含量的整体概况，分别如图 4.14 和图 4.15 所示。

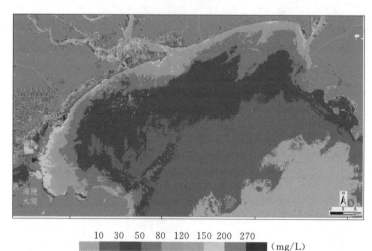

10　30　50　80　120　150　200　270　(mg/L)

图 4.14　漠阳江河口海岸悬浮泥沙含量 1987—2015 年平均结果

漠阳江河口海岸多年平均悬浮泥沙含量最大值为 334.7mg/L，最小值为 1.58mg/L，整个河口区域平均值为 55.83mg/L（见图 4.14）。悬浮泥沙含量相对较高区域主要分布在河口入海处以及东北、西南两个方向的近海岸带。其中悬浮泥沙高含量区（TSS＞120mg/L）在漠阳江河口西南方向的海陵大堤东侧、平冈镇和海陵镇之间的区域，面积约为 30km²；其次是入海河口东侧至大沟镇西半部沿岸一带，面积约为 13km²；分布区域相对小的埠场镇沿岸面积约为 9km²。漠阳江河口海岸悬浮泥沙含量 80mg/L 等值线平均推远至距河口海岸 1.6km 处，在海陵大堤东侧、平冈镇和海陵镇之间的区域最远，可达 4.7km；在距漠阳江河口海岸平均 10km 范围内，远离河口海岸方向上，悬浮泥沙含量呈现降低趋势，变化速率约为 5.18mg/(L·km)。另外，由于漠阳江河口海岸西南方向上海陵大堤（1966 年竣工通车）的阻挡，悬浮泥沙在海陵大堤东侧淤积，导致以海陵大堤为界线的东西两侧区域呈现出了显著的差异。海陵大堤东侧区域悬浮泥沙平均含量约为 163.7mg/L，西侧区域约为 74.9mg/L，东侧约为西侧的 2.2 倍。

漠阳江流域泥沙控制站荆山站多年观测记录显示漠阳江多年平均悬浮物质总量为 259mg/L。漠阳江含沙量年际变化较大，实测最大含沙量为 1973 年的 435mg/L，最小含沙量为 1999 年的 55mg/L，该流域水土流失比较严重，悬浮泥沙含量整体较高。本书在漠阳江河口海岸（近岸约 1km 以内）悬浮泥沙遥感反演多年平均结果大于 120mg/L，与荆山站的实测结果显示了很高的一致性。

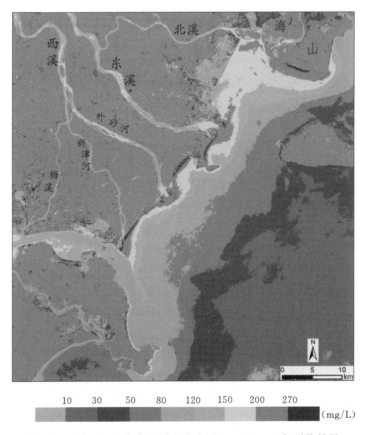

10   30   50   80   120   150   200   270   (mg/L)

图 4.15   韩江河口海岸悬浮泥沙含量 1987—2015 年平均结果

　　由图 4.15 可知，韩江河口海岸多年悬浮泥沙含量空间差异显著。平均值为 81.4mg/L，最大值为 392.2mg/L，最小值为 5.7mg/L。韩江各支流下游至入海口区域悬浮泥沙含量相对较高，包括北溪入海口、东溪入海口，西溪下游的外砂河、新津河 2 个入海口区域，导致有大量"羽状锋"存在，特别是在各支流入海口区域，多呈"舌形态"和"喷流形态"，新津河入海口西侧的一座堤坝两侧区域也是"羽状锋"转折常驻位置。悬浮泥沙高含量区（TSS＞120mg/L）在北溪入海口区域分布最为广泛，面积约为 39km²；东溪入海口高泥沙含量区域次之，面积约为 22km²，其他两个悬浮泥沙高含量区分布较为平均，面积约为 11km²。韩江河口海岸悬浮泥沙含量 80mg/L 等值线约推远至距河口海岸 5.1km 处，在北溪附近区域最远，可达 7.3km；超过远离河口海岸 10km 直至远海的大部分区域，悬浮泥沙含量一直保持在较低水平（TSS＜30mg/L）；韩江距河口

65

海岸平均 10km 范围内，远离河口海岸方向上，悬浮泥沙含量呈现降低趋势，变化速率约为 7.56mg/（L·km）。另外，一座连接龙湖区堤坝（导流线，西溪下游的新津河入海西侧）修建于 1996 年，导致此堤坝的东、西两侧区域悬浮泥沙含量呈现显著的差异，形成明显的分界线。根据韩江潮安水文监测资料记录，1955—2008 年韩江流域平均悬浮泥沙含量为 261mg/L，有力地证明了本书基于遥感方法反演的韩江河口海岸区域悬浮泥沙结果具有较高的精度。

4.2.2　漠阳江、韩江河口海岸悬浮泥沙洪、枯季周期及趋势变化

除了分析漠阳江、韩江两个河口海岸区域悬浮泥沙近 30 年来的整体情况以外，本书同样也计算了 1987—2015 年漠阳江、韩江两个河口海岸区域每年洪、枯季悬浮泥沙含量的平均值以分析其悬浮泥沙的时空变化特征。由于覆盖漠阳江、韩江两个河口的遥感影像数据整体密度较低（见图 4.12、图 4.13 和表 4.3），某些年份还有数据缺失情况，因此本书主要选取漠阳江、韩江河口海岸数据密度相对较高的 2003—2010 年时间段内每年的洪季、枯季平均结果来分析漠阳江（2003 年、2004 年、2006 年、2008 年）和韩江（2006—2010 年）河口海岸区域悬浮泥沙含量的变化趋势和规律，同时也方便与珠江口悬浮泥沙情况进行对比，相关结果分别如图 4.16（漠阳江）和图 4.17（韩江）所示。

2003 年洪季，漠阳江河口海岸区域悬浮泥沙含量较低，大部分区域悬浮泥沙含量小于 30mg/L，悬浮泥沙含量为 2.42～310.7mg/L［见图 4.16（a）］；在距河口海岸 3km 范围内，悬浮泥沙含量由河口近岸向远海方向逐渐减少，超过此范围则处于较低水平（TSS＜30mg/L），相对变化很小；悬浮泥沙高含量区（TSS＞120mg/L）主要分布于大沟镇沿岸和漠阳江入海口两侧较小的范围，面积约 4km²；2003 年洪季，漠阳江河口海岸区域悬浮泥沙含量高于 80mg/L 的范围分布在距河口海岸平均距离不超过 1km 的范围内［见图 4.16（a）］。

与 2003 年洪季相比，2004 年洪季，漠阳江河口海岸悬浮泥沙含量更低［见图 4.16（c）］，仅在海陵大堤东侧较小的范围（面积约 10km²）出现悬浮泥沙高含量区（TSS＞120mg/L）；其余大部分区域悬浮泥沙含量小于 30mg/L，悬浮泥沙含量在 1.93～246.9mg/L 范围内变化；除海陵大堤东侧海域外，在距河口海岸 1.9km 范围内，悬浮泥沙含量由河口近岸向远海方向逐渐减少，超过此范围则处于较低水平（TSS＜30mg/L）。此外，海陵大堤东侧、平冈镇东南沿岸部分区域出现空缺值，为可见底的浅水区或潮间带区域［见图 4.16（c）］。

2006 年洪季，漠阳江河口海岸区域悬浮泥沙含量极低，仅在大沟镇东部沿岸很小的范围悬浮泥沙含量高于 80mg/L，其余绝大部分区域悬浮泥沙含量都小于 30mg/L［见图 4.16（e）］。2006 洪季覆盖漠阳江河口海岸区域的遥感影

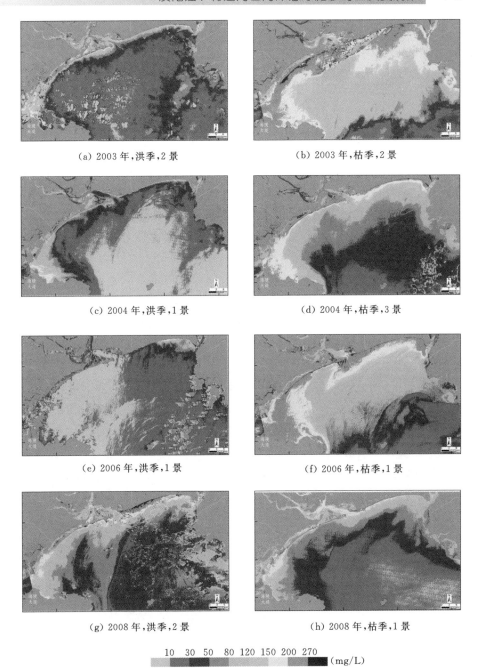

(a) 2003 年,洪季,2 景　　　　　　(b) 2003 年,枯季,2 景

(c) 2004 年,洪季,1 景　　　　　　(d) 2004 年,枯季,3 景

(e) 2006 年,洪季,1 景　　　　　　(f) 2006 年,枯季,1 景

(g) 2008 年,洪季,2 景　　　　　　(h) 2008 年,枯季,1 景

10　30　50　80 120 150 200 270 　(mg/L)

图 4.16　2003—2008 年漠阳江河口海岸每年洪季、枯季悬浮泥沙含量的平均结果

像质量相对较差,这对遥感反演结果可能会造成一定的影响。

2008 年洪季,漠阳江河口海岸悬浮泥沙含量显著升高 [见图 4.16 (g)],

悬浮泥沙含量 80mg/L 等值线平均距河口海岸的距离远推至 3.2km，距河口海岸达 2.3km 的范围均为高悬浮泥沙含量区（TSS＞120mg/L）；悬浮泥沙含量最大值为 401.8mg/L，最小值为 19.2mg/L，平均值为 92.5mg/L；绝大部分区域悬浮泥沙含量高于 30mg/L，悬浮泥沙低含量区仅分布在大镬岛附近海域［见图 4.16（g）］。

漠阳江河口海岸区域未获取 2005 年、2009 年、2010 年洪季影像数据，既有结果数据密度较低（最多只有两景遥感影像），部分还受到云等因素的影响。因此，基于当前漠阳江河口海岸悬浮泥沙遥感反演结果，未能发现漠阳江河口海岸区域洪季悬浮泥沙含量具有显著的周期变化和趋势［见图 4.16（a）、图 4.16（c）、图 4.16（e）、图 4.16（g）］。

2003 年枯季，漠阳江河口海岸区域悬浮泥沙含量最大值为 292.4mg/L，最小值为 1.15mg/L［见图 4.16（b）］；悬浮泥沙高含量区（TSS＞120mg/L）在距河口海岸 3km 范围内广泛分布；悬浮泥沙整体格局自西南到东北方向上呈"高低高"相嵌，空间差异显著，主要由洋流（悬浮泥沙含量低）和径流（悬浮泥沙含量高）相互作用形成；悬浮泥沙含量 80mg/L 等值线平均距河口海岸的距离为 3.5km，在大沟镇以南海域最远可达 7.5km；远离河口海岸的方向上，悬浮泥沙含量逐渐降低［见图 4.16（b）］。

与 2003 年枯季相比，2004 年枯季漠阳江河口海岸悬浮泥沙含量有所降低，悬浮泥沙最大值为 279.5mg/L，最小值为 4.34mg/L［见图 4.16（d）］；悬浮泥沙高含量区（TSS＞120mg/L）集中分布在海陵大堤东侧，面积约为 20km²，入海口东侧及大沟镇沿岸海域也是悬浮泥沙高含量分布区；远离河口海岸的方向上，悬浮泥沙含量逐渐降低，悬浮泥沙含量 80mg/L 等值线平均距河口海岸的距离减弱到 2km 以内［见图 4.16（d）］。

2006 年枯季漠阳江河口海岸区域悬浮泥沙含量与 2003 年枯季大致处于同一水平，悬浮泥沙最大值为 327.6mg/L，最小值为 9.42mg/L［见图 4.16（f）］；悬浮泥沙高含量区（TSS＞120mg/L）在距河口海岸 3.7km 范围内广泛分布，悬浮泥沙含量 80mg/L 等值线平均距河口海岸的距离推远至 9km；远离河口海岸的方向上，悬浮泥沙含量逐渐降低；距河口海岸 13km 以外的范围，悬浮泥沙含量则维持在较低水平（TSS＞30mg/L），变化较小［见图 4.16（f）］。

与 2006 年枯季相比，漠阳江河口海岸 2008 年枯季悬浮泥沙含量显著减少，悬浮泥沙最大值为 273.9mg/L，最小值为 6.75mg/L［见图 4.16（h）］；悬浮泥沙高含量区（TSS＞120mg/L）主要分布在平冈镇沿岸和入海口处；悬浮泥沙含量 80mg/L 等值线平均距河口海岸的距离为 1.4km，其余大部分区域悬浮泥沙含量低于 50mg/L；远离河口海岸 4.8km 以外的海域，悬浮泥沙达到较低水平（TSS＜30mg/L），悬浮泥沙含量变化相对较低；空间分布上，悬浮泥沙含量由河口至远海海域逐渐降低［见图 4.16（h）］。

同样，基于当前悬浮泥沙遥感反演结果［见图 4.16（b）、图 4.16（d）、图 4.16（f）、图 4.16（h）］，未能发现漠阳江河口海岸区域枯季悬浮泥沙含量具有周期变化和趋势。基于已有的悬浮泥沙含量遥感反演结果，本研究发现漠阳江河口海岸区域枯季悬浮泥泥沙含量一般要高于洪季，这与通常认为的河口海岸区域悬浮泥沙含量洪季显著高于枯季相反，如 4.1 节在珠江口区域的研究结果。为了深入研究这一"非常见"现象并定量分析漠阳江河口海岸区域洪季、枯季悬浮泥沙含量的差异，在 4.3 节用统计模拟的方法分析漠阳江河口海岸区域悬浮泥沙含量的时空变化。

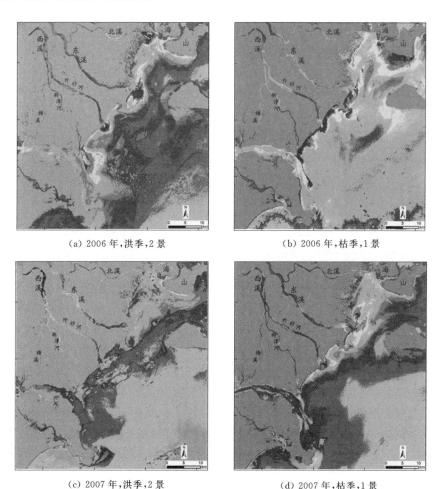

(a) 2006 年，洪季，2 景　　　　　　　(b) 2006 年，枯季，1 景

(c) 2007 年，洪季，2 景　　　　　　　(d) 2007 年，枯季，1 景

图 4.17（一）　2006—2010 年韩江河口海岸每年洪季、枯季悬浮泥沙含量的平均结果

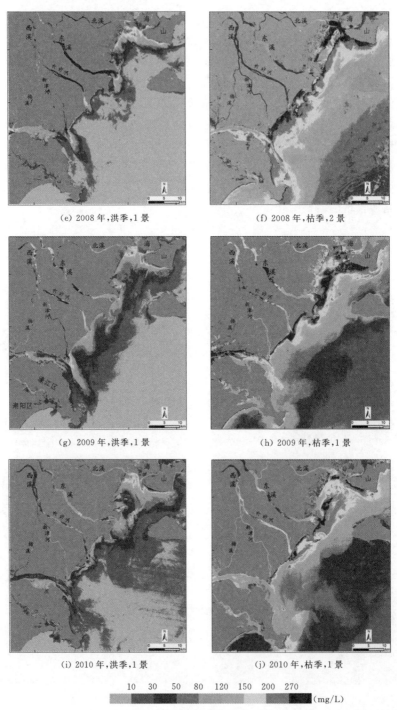

(e) 2008 年,洪季,1 景　　　　　　　　(f) 2008 年,枯季,2 景

(g) 2009 年,洪季,1 景　　　　　　　　(h) 2009 年,枯季,1 景

(i) 2010 年,洪季,1 景　　　　　　　　(j) 2010 年,枯季,1 景

图 4.17(二)　2006—2010 年韩江河口海岸每年洪季、枯季悬浮泥沙含量的平均结果

2006 年洪季，韩江河口海岸悬浮泥沙空间分布差异显著，出现了大量"羽状锋"和不同浑浊度水体相嵌现象［见图 4.17（a）］；自东北至西南方向有两个条状的清澈水体（TSS＜30mg/L）相嵌在浑浊水体之间；新津河入海口处因堤坝的阻隔，使得东、西两侧悬浮泥沙含量显现出巨大的差异，东侧悬浮泥沙含量大于 200mg/L，西侧则小于 80mg/L；此外，在濠江区东南海域，还存在一条浑浊和清澈水体的分界线；整体上 2006 年洪季韩江河口海岸悬浮泥沙含量最大值为 378.1mg/L，最小值为 1.9mg/L，平均值为 65mg/L。悬浮泥沙高含量区（TSS＞120mg/L）广泛分布在距河口海岸 1km 范围内；悬浮泥沙含量 80mg/L 等值线平均距河口海岸的距离约 2.1km，直到远离河口海岸 8km 处，悬浮泥沙含量才降低到较低水平（TSS＜30mg/L），悬浮泥沙含量由河口近岸向远海方向逐渐减少；越靠近河口海岸区域，悬浮泥沙含量变化越剧烈；远海区域，悬浮泥沙含量变化则相对较小。

2007 年洪季，韩江河口海岸悬浮泥沙含量较 2006 年洪季有所降低；高悬浮泥沙含量水体（TSS＞120mg/L）分布显著减少，集中分布在东溪入海口直到东北方向的海山镇沿岸区域，面积约为 40km² ［见图 4.17（c）］；同时清洁水体（TSS＜30mg/L）分布则明显增加，整个韩江河口大部分区域悬浮泥沙含量都在 30mg/L 以下 ［见图 4.17（c）］；由于水闸截流，东溪河道内出现明显的浑浊和清澈水体分段现象；悬浮泥沙含量为 1.83～313mg/L，平均值为 41.8mg/L，整体上悬浮泥沙含量由河口近岸向远海方向逐渐减少。

2008 年洪季，韩江河口海岸悬浮泥沙含量变化范围为 0～472.3mg/L ［见图 4.17（e）］，河道下游至入海口区域悬浮泥沙含量较高（TSS＞120mg/L），其余大部分区域悬浮泥沙含量小于 10mg/L，整个河口海岸区域悬浮泥沙含量平均值为 28.2mg/L。2008 年洪季，悬浮泥沙在韩江各个入海支流河口附近呈现显著的"羽状锋"和"舌形"分布，悬浮泥沙含量空间差异大。除下游河道到河口附近的区域外，悬浮泥沙含量较 2006 年、2007 年洪季显著降低 ［见图 4.17（e）］。

与 2008 年洪季相比，韩江河口海岸悬浮泥沙含量 2009 年洪季有所升高 ［见图 4.17（g）］；各支流入海口处悬浮泥沙高含量区（TSS＞120mg/L）分布均有所增加，其中新津河入海口沿堤坝处发育的"羽状锋"更为显著；2009 年洪季，韩江河口海岸悬浮泥沙含量为 0.92～371.2mg/L，平均值为 32.3mg/L；悬浮泥沙含量 80mg/L 等值线平均距河口海岸的距离约 1.3km，直到远离河口海岸 5km 处，悬浮泥沙含量才降低到较低水平（TSS＜30mg/L），整体上悬浮泥沙含量由河口近岸向远海方向逐渐减少 ［见图 4.17（g）］。

2010 年洪季，韩江河口海岸悬浮泥沙含量与 2006—2009 年洪季相比，相对

较低 [见图 4.17 (i)]；除北溪入海口及海山镇沿岸区域外（TSS＞120mg/L），其余大部分区域悬浮泥沙含量都在 30mg/L 以下，最大值为 297.7mg/L，最小值为 1.95mg/L，平均值为 27.8mg/L；自东北至西南，韩江河口海岸悬浮泥沙呈现显著的纵向分层现象，但在沿河口近岸向远海方向上，悬浮泥沙含量逐渐减少的趋势也较为明显 [见图 4.17 (i)]。

由图 4.17 (a)、图 4.17 (c)、图 4.17 (e)、图 4.17 (g)、图 4.17 (i) 可知，2006—2010 年韩江河口海岸洪季悬浮泥沙含量呈现显著的降低趋势。其中 2006 年洪季韩江河口海岸悬浮泥沙含量处于较高水平 [见图 4.17 (a)]，尽管 2009 年洪季悬浮泥沙含量相对较高 [见图 4.17 (g)]，但是并不影响悬浮泥沙含量在长时间序列上的降低趋势。

2006 年枯季，韩江河口海岸悬浮泥沙含量处于较高水平 [见图 4.17 (b)]；悬浮泥沙高含量区（TSS＞120mg/L）在各入海口处均有分布，同时在海镇西南沿岸及新津河入海口处堤坝东侧也有分布，特别是这些区域距河口海岸 1km 范围内，悬浮泥沙含量高于 270mg/L；悬浮泥沙含量最大值为 376.7mg/L，最小值为 3.54mg/L，平均值为 106.8mg/L，整体上悬浮泥沙含量由河口近岸向远海方向逐渐减少 [见图 4.17 (b)]。

与 2006 年枯季相比，韩江河口海岸悬浮泥沙含量 2007 年枯季显著降低 [见图 4.17 (d)]，大部分区域悬浮泥沙含量都小于 30mg/L；悬浮泥沙高含量区（TSS＞120mg/L）集中分布在外砂河、东溪入海口处，其中以东溪入海口区域最为广泛，面积约为 15km²；悬浮泥沙含量为 1.88～390.8mg/L，平均值为 42mg/L；悬浮泥沙含量 80mg/L 等值线平均距河口海岸的距离约 2km，直到远离河口海岸 4.2km 处，悬浮泥沙含量才降低到较低水平（TSS＜30mg/L）。整体上悬浮泥沙含量由河口近岸向远海方向逐渐减少，越靠近河口海岸区域，悬浮泥沙含量变化越剧烈，远海区域由于悬浮泥沙含量很低，变化相对较小 [见图 4.17 (d)]。

2008 年枯季，韩江河口海岸悬浮泥沙含量较 2007 年枯季有所升高，但低于 2006 年水平；悬浮泥沙高含量区（TSS＞120mg/L）在距河口海岸 3km 范围内有广泛分布 [见图 4.17 (f)]；悬浮泥沙含量最大值为 341.2mg/L，最小值为 9.15mg/L，平均值为 99.2mg/L；悬浮泥沙含量 80mg/L 等值线平均距河口海岸的距离约 10km，整体上悬浮泥沙含量由河口近岸向远海方向逐渐减少 [见图 4.17 (f)]。

与 2008 年枯季相比，韩江河口海岸悬浮泥沙含量 2009 年枯季有所降低，大约韩江河口海岸的一半区域悬浮泥沙含量小于 30mg/L [见图 4.17 (h)]；悬浮泥沙高含量区（TSS＞120mg/L）在距河口海岸 2.6km 范围内有广泛分布；

悬浮泥沙含量为 12～400mg/L，平均值为 93.9mg/L；悬浮泥沙含量 80mg/L 等值线平均距河口海岸的距离约 4.3km，直到远离河口海岸 9.5km 处，悬浮泥沙含量才降低到较低水平（TSS＜30mg/L），整体上悬浮泥沙含量由河口近岸向远海方向逐渐减少［见图 4.17 (h)］。

2010 年枯季，韩江河口海岸悬浮泥沙含量出现了进一步降低，略微低于 2009 年枯季［见图 4.17 (j)］；约一半区域悬浮泥沙含量均低于 50mg/L；悬浮泥沙高含量区（TSS＞120mg/L）在距河口海岸 1.8km 范围内有广泛分布，集中在外砂河河口到海山镇沿海岸带；悬浮泥沙含量最大值为 366.2mg/L，最小值为 11.9mg/L，平均值为 86.6mg/L；悬浮泥沙含量 80mg/L 等值线平均距河口海岸的距离约 4.9km，直到远离河口海岸 17km 处，悬浮泥沙含量才降低到较低水平（TSS＜30mg/L），整体上悬浮泥沙含量由河口近岸向远海方向逐渐减少，远海区域悬浮泥沙含量变化同样比较明显［见图 4.17 (j)］。

由图 4.17 (b)、图 4.17 (d)、图 4.17 (f)、图 4.17 (h)、图 4.17 (j) 可知，韩江河口海岸悬浮泥沙含量在枯季同样呈现出显著长期降低趋势。其中 2006 年枯季韩江河口海岸悬浮泥沙含量处于较高水平［见图 4.17 (b)］，尽管 2007 年枯季悬浮泥沙含量相对较低［见图 4.17 (d)］，但是对这种长期变化趋势影响较小。此外，与漠阳江河口海岸区域相似，韩江河口海岸区域枯季悬浮泥泥沙含量一般也高于洪季。

以上分析为基于遥感影像数据反演的韩江河口海岸区域悬浮泥沙结果的直观性、定性分析研究，为了定量分析韩江河口海岸区域悬浮泥沙含量的洪季、枯季长期变化规律和趋势，在 4.2.3 节基于统计模拟的方法研究了韩江河口海岸区域悬浮泥沙含量的时空变化。

4.2.3　漠阳江、韩江河口海岸悬浮泥沙时空变化规律

河口海岸区域广阔，加之河口区域悬浮泥沙含量受到上游径流、输沙，降雨、潮汐、洋流运动、风力作用以及人类活动、防洪调控措施等多方面因素的综合影响，其空间分布差异显著。考虑到水体（悬浮泥沙）的流动性，逐像元（单点）讨论悬浮泥沙的演变规律不尽合理。此外，由于河口海岸包括了广阔的海域，在远海区域悬浮泥沙含量一直处于较低水平，整个河口海岸区域悬浮泥沙含量的平均值的代表性存在较大争议。对珠江口而言，本书充分利用了该区域发育的"三滩两槽"以及珠江中华白海豚国家级自然保护区客观存在的 6 个子区域来分析珠江口悬浮泥沙的时空演变规律。但是，漠阳江和韩江河口海岸区域与珠江口区域有所不同，缺乏具有代表性的子区域划分。因此，为了能更好地表征漠阳江和韩江河口海岸区域悬浮泥沙长时间序列的演变规律，本书以

距河口海岸不同距离的 3 个区域（0～2km、0～5km 和 0～10km）的悬浮泥沙含量平均值为重点来分析其变化趋势。

漠阳江距河口海岸不同距离的 3 个区域悬浮泥沙含量遥感反演结果分别如图 4.18 所示。

漠阳江河口海岸洪季悬浮泥沙遥感反演有效结果最早为 1987 年，最近一期为 2015 年。由图 4.18 可知，洪季，漠阳江河口海岸悬浮泥沙含量，距沿岸 2km 范围以内的平均水平要高于距沿岸 0～5km 范围内的平均水平［见图 4.18（a）和图 4.18（b）中虚线］，多年平均高出约 23mg/L；距沿岸 0～5km 范围以内的悬浮泥沙含量的平均水平高出距沿岸 0～10km 范围内的平均水平约 10.7mg/L［见图 4.18（b）和图 4.18（c）中虚线］。由此可见，洪季，漠阳江河口海岸悬浮泥沙含量距河口海岸不同距离范围有显著的差异。距河口海岸不同距离区域悬浮泥沙含量遥感反演结果直观地表征了漠阳江河口海岸悬浮泥沙含量洪季的一种空间变化特征，即在远离河口海岸的方向上，悬浮泥沙含量逐渐降低，平均每千米减少 5.15mg/L；远海区域悬浮泥沙含量处于较低水平，因此距离河口海岸越远，悬浮泥沙含量空间分布的降低速率越小。

漠阳江河口海岸枯季悬浮泥沙遥感反演有效结果最早为 1993 年，最近一期为 2015 年。与洪季类似，漠阳江河口海岸枯季悬浮泥沙含量，距沿岸 2km 范围以内的平均水平要高于距沿岸 0～5km 范围内的平均水平［见图 4.18（a）和图 4.18（b）中实线］，多年平均高出约 19mg/L；距沿岸 0～5km 范围以内的悬浮泥沙含量的平均值高出距沿岸 0～10km 范围内的平均水平约 15mg/L［见图 4.18（b）和图 4.18（c）中实线］；枯季，漠阳江河口海岸悬浮泥含量在远离河口海岸的方向上，悬浮泥沙含量同样呈现降低趋势，平均每千米减少 5.23mg/L，变化速率与洪季基本一致，说明漠阳江河口海岸悬浮泥含量洪、枯季的空间分布差异较小；枯季，远海区域悬浮泥沙含量同样处于较低水平，变化不明显。

为了分析漠阳江河口海岸区域悬浮泥沙含量的长时间序列变化趋势和规律，本书基于该区域悬浮泥沙含量所有遥感反演结果（37 个）计算了该区域距河口海岸不同距离的 3 个区域悬浮泥沙含量每年洪、枯季的平均值，如图 4.19 所示。

长时间序列上，漠阳江河口海岸洪、枯季均未发现显著的变化规律和趋势（见图 4.19）。其中，洪季悬浮泥沙含量呈现出一定的振荡的变化规律（不显著），变化周期为 11～15 年（见图 4.19 中圆点标记，1996—2006 年、2006—2015 年，每个周期内悬浮泥沙含量先升高再降低）；距漠阳江河口海岸 10km 范围内，洪季悬浮泥含量出现较为显著的逐渐降低的趋势，平均每年降低 2.9mg/L［见图 4.19 中虚线］。枯季，漠阳江河口海岸悬浮泥沙含量无显著变化［见图 4.19 中实线］。

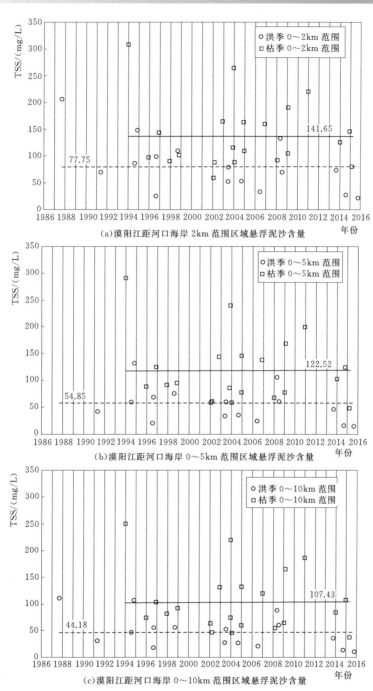

(a)漠阳江距河口海岸 2km 范围区域悬浮泥沙含量

(b)漠阳江距河口海岸 0～5km 范围区域悬浮泥沙含量

(c)漠阳江距河口海岸 0～10km 范围区域悬浮泥沙含量

图 4.18　近 30 年漠阳江距河口海岸不同距离的 3 个区域悬浮泥沙含量
Landsat 卫星遥感影像（37 景）反演结果

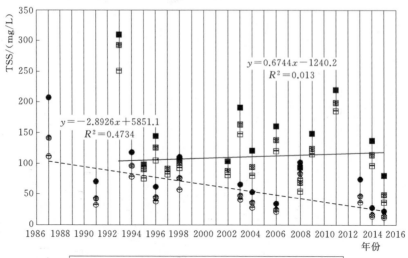

$$y = 0.6744x - 1240.2$$
$$R^2 = 0.013$$

$$y = -2.8926x + 5851.1$$
$$R^2 = 0.4734$$

图 4.19　漠阳江河口海岸不同距离的 3 个区域悬浮泥沙含量每年洪季、枯季的平均结果

基于漠阳江河口海岸悬浮泥沙洪枯季变化遥感反演结果（见图 4.18 和图 4.19）来看，除 1987—1995 年无数据对比以外，自 1996 年及以后漠阳江河口海岸悬浮泥沙含量枯季一般高于洪季 65mg/L，与常识观点有所差别（通常认为悬浮泥沙含量洪季应该高于枯季）。这种差别可能是因为常识所指的区域多为河流下游的河道以内，与本书的研究区包括了较大范围的近岸海域不同，另外遥感影像缺失及数据密度较少对相关结果亦一定的影响。图 4.20 为覆盖漠阳江河口海岸区域的 Landsat 遥感影像及对应的悬浮泥沙含量反演结果（2004 年、2014年洪、枯季各两景数据），可以直观地看出，漠阳江河口海岸区域枯季的某些时刻，悬浮泥沙含量高于洪季。

悬浮泥沙含量　　　　　　　　　　　　遥感影像

2004 年 9 月 24 日，洪季

图 4.20（一）　2004 年、2014 年洪季、枯季，漠阳江河口海岸区域的
Landsat 遥感影像及对应的悬浮泥沙含量反演结果对比

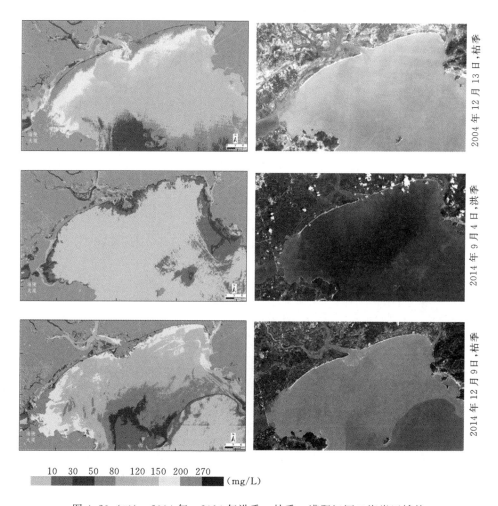

2004 年 12 月 13 日，枯季

2014 年 9 月 4 日，洪季

2014 年 12 月 9 日，枯季

10   30   50   80   120 150 200 270
(mg/L)

图 4.20（二）   2004 年、2014 年洪季、枯季，漠阳江河口海岸区域的
Landsat 遥感影像及对应的悬浮泥沙含量反演结果对比

同样，研究分析了韩江河口海岸 0～2km、0～5km 和 0～10km 范围的 3 个
区间的平均值来定量分析其变化趋势，结果如图 4.21 所示。

韩江河口海岸洪季悬浮泥沙遥感反演有效结果最早为 1988 年，最近一期
为 2014 年（见图 4.21）。洪季，韩江河口海岸悬浮泥沙含量，距沿岸 2km 范
围以内的平均水平要高于距沿岸 0～5km 范围内的平均水平 [见图 4.21（a）
和图 4.2（b）中虚线]，多年平均高出约 28mg/L；距河口沿岸 0～5km 范围
以内的悬浮泥沙含量的平均水平高出距沿岸 0～10km 范围内的平均水平约
20.7mg/L [见图 4.21（b）和图 4.21（c）中虚线]；韩江河口海岸悬浮泥沙

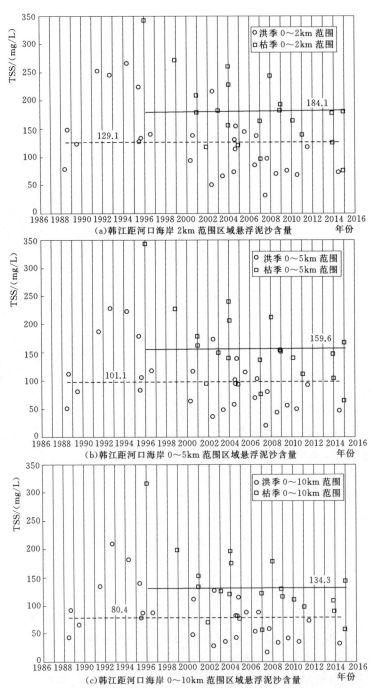

图 4.21 近 30 年韩江距河口海岸不同距离的 3 个区域悬浮泥沙含量
Landsat 卫星遥感影像（50 景）反演结果

洪季在远离河口海岸的方向上，悬浮泥沙含量逐渐降低，平均每千米减少7.51mg/L，越靠近河口海岸变化速率越大；远海海域悬浮泥沙含量处于较低水平，变化不明显。

　　枯季，韩江河口海岸悬浮泥沙遥感反演有效结果最早为 1996 年，最近一期为 2015 年。韩江河口海岸枯季悬浮泥沙含量，距沿岸 2km 范围以内的平均水平要高于距沿岸 0～5km 范围内的平均水平〔见图 4.21 （a）和图 4.21 （b）中虚线〕，多年平均高出 24.5mg/L；距沿岸 0～5km 范围以内的悬浮泥沙含量的平均水平高出距沿岸 0～10km 范围内的平均值约 25.3mg/L〔见图 4.21 （b）和图4.21 （c）中虚线〕；枯季，韩江河口海岸悬浮泥含量在远离河口海岸的方向上，悬浮泥沙含量逐渐降低，平均每千米减少 7.69mg/L，变化速率略高于洪季，说明韩江河口海岸悬浮泥含量洪季、枯季的空间分布差异较小；枯季，远海区域悬浮泥沙含量处于较低水平，变化趋势相对较小，程度较弱。

　　基于韩江河口海岸区域悬浮泥沙含量所有遥感反演结果（50 个）计算了该区域距河口海岸不同距离的 3 个区域悬浮泥沙含量每年洪、枯季的平均值，并分析了其长时间序列变化趋势和规律，如图 4.22 所示。

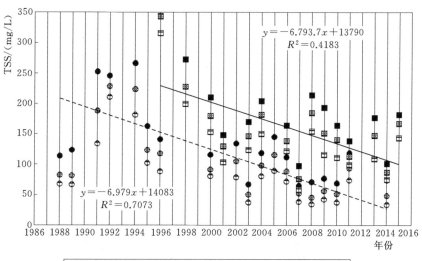

图 4.22　韩江河口海岸不同距离的 3 个区域悬浮泥沙含量每年洪、枯季的平均结果

　　长时间序列上，洪季韩江距河口海岸 10km 范围内的悬浮泥沙含量无显著的周期性变化规律，但呈现出显著的降低趋势，悬浮泥沙含量平均每年约减少7mg/L。枯季，韩江河口海岸悬浮泥沙含量变化规律和趋势与洪季相似，虽然

无明显的周期变化规律，但呈现较为显著的降低趋势，枯季韩江河口海岸区域悬浮泥沙含量平均每年约减少 6.8mg/L，变化速率略低于洪季。

　　与漠阳江河口海岸悬浮泥沙含量洪、枯季对比结果类似，除 1987—1995 年无数据对比外，基于 1996 年及以后的韩江河口海岸区域洪、枯季悬浮泥沙遥感反演结果（见图 4.21 和图 4.22）可知，韩江河口海岸悬浮泥沙含量枯季一般也高于洪季，多年平均高出约 56mg/L。图 4.23（2004 年洪季、枯季）和图 4.24（1996 年、2014 年洪季、枯季）为覆盖韩江河口海岸区域的 Landsat 遥感影像及对应的悬浮泥沙含量反演结果，可以直观地看出，韩江河口海岸区域枯季的某些时刻，悬浮泥沙含量高于洪季。

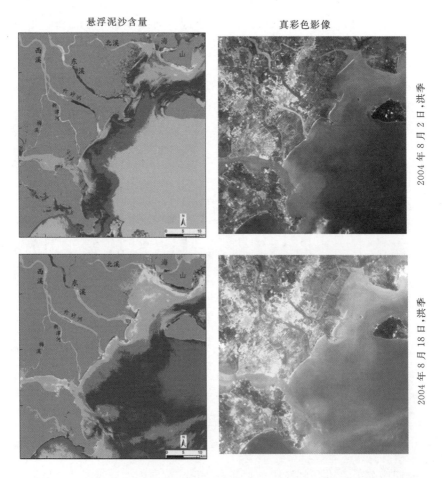

图 4.23（一）　2004 年洪季、枯季，韩江河口海岸区域的 Landsat 遥感影像
及对应的悬浮泥沙含量反演结果对比

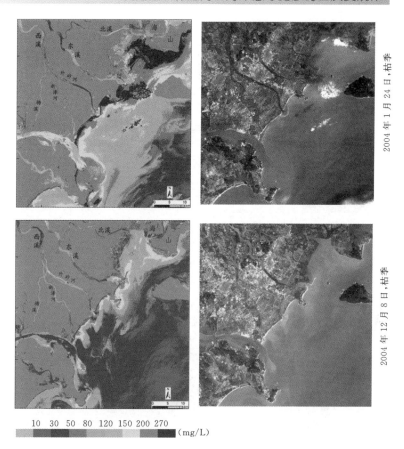

10　30　50　80　120　150　200　270
(mg/L)

图 4.23（二）　2004 年洪季、枯季，韩江河口海岸区域的 Landsat 遥感影像
及对应的悬浮泥沙含量反演结果对比

悬浮泥沙含量　　　　　　　　　真彩色影像

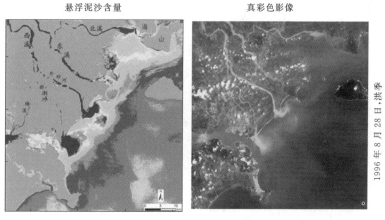

图 4.24（一）　1996 年、2014 年洪季、枯季，韩江河口海岸区域的 Landsat
遥感影像（真彩色）及对应的悬浮泥沙含量反演结果对比

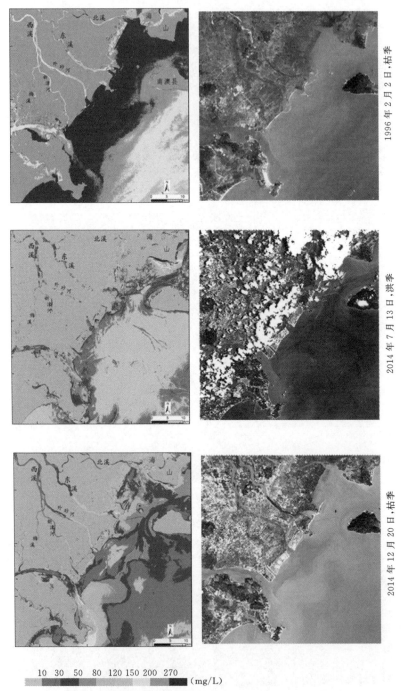

10　30　50　80　120 150 200　270　(mg/L)

图 4.24（二）　1996 年、2014 年洪季、枯季，韩江河口海岸区域的 Landsat
遥感影像（真彩色）及对应的悬浮泥沙含量反演结果对比

由以上研究结果和相关分析可知，漠阳江和韩江河口海岸区域悬浮泥沙含量的时空变化特征不仅与珠江口有较大的差异，而且在漠阳江和韩江两个河口海岸区域也有很大的不同，见表 4.4。

表 4.4　　　　　　　　1987—2015 年漠阳江、韩江河口海岸洪、枯季
悬浮泥沙含量时空变化特征

平均值 /(mg/L)	漠　阳　江			韩　　江		
	0~2km 洪，枯	0~5km 洪，枯	0~10km 洪，枯	0~2km 洪，枯	0~5km 洪，枯	0~10km 洪，枯
	77.75，141.65	54.85，122.52	44.18，107.43	129.1，184.1	101.1，159.6	80.4，134.3
周期变化	洪季，11~15 年，不显著；枯季，无显著变化			无显著变化		
时间序列趋势变化	洪季，−2.9mg/(L·a)；枯季，无显著变化			洪季，−7mg/(L·a)；枯季，−6.8mg/(L·a)		
空间分布趋势变化	5.18mg/(L·km)			7.56mg/(L·km)		

由表 4.4 可知，在距河口海岸 10km 范围内的区域，韩江河口海岸悬浮泥沙含量整体要高于漠阳江河口海岸区域，平均高约 46.3mg/L；漠阳江和韩江河口海岸区域，枯季悬浮泥沙含量一般也高于洪季，分别为 65mg/L，56mg/L。在漠阳江和韩江河口海岸区域悬浮泥沙含量不论洪季、枯季，距河口海岸距离的区域越近，其悬浮泥沙含量就越高，反之则越低；漠阳江和韩江河口海岸区域悬浮泥沙含量空间分布上呈现出显著的降低趋势，平均每远离河口海岸 1km，悬浮泥沙含量分别降低 5.18mg/L 和 7.56mg/L。长时间序列变化上，漠阳江和韩江河口海岸区域悬浮泥沙含量均无显著的周期变化规律；漠阳江河口海岸区域仅洪季呈现较弱的降低趋势，平均每年降低 2.9mg/L；韩江河口海岸区域洪、枯季悬浮泥沙含量均出现显著的降低趋势，平均每年分别降低 7mg/L 和 6.8mg/L。

4.3　本章小结

本章基于建立的 QRLTSS 悬浮泥沙遥感反演方法和 Landsat 卫星长时间序列遥感影像，反演并分析了近 30 年来珠江、漠阳江和韩江河口海岸悬浮泥沙含量的空间分布特征和时序变化规律，而且对比了各个河口海岸区域悬浮泥沙含量时空变化的异同。

珠江、漠阳江和韩江 3 个河口海岸区域悬浮泥沙含量有显著的空间差异性，

在空间分布上都存在远离河口海岸方向上悬浮泥沙含量逐渐降低的趋势（平均每千米降低：5.16～7.56mg/L）；珠江河口海岸区域洪季悬浮泥沙含量都高于枯季，而漠阳江和韩江两个河口海岸区域则相反。

洪季，珠江口"三滩两槽"及白海豚保护区悬浮泥沙含量呈现出显著的周期变化规律（5～8 年）以及降低趋势（平均每年降低：5.7～10.1mg/L），漠阳江和韩江河口海岸区域悬浮泥沙含量均无显著的周期变化规律但呈现都降低趋势（漠阳江河口海岸洪季平均每年降低 2.9mg/L，韩江河口海岸洪季平均每年降低 7mg/L）；

枯季，珠江和漠阳江河口海岸区域悬浮泥沙含量无显著的周期变化规律和趋势，韩江河口海岸悬浮泥沙含量同样无周期变化规律但呈现显著的降低趋势（平均每年降低 6.8mg/L）。

第 5 章

结 论 与 展 望

5.1 结论

悬浮泥沙是最为显著的河口海岸水体生态环境影响要素,精确高效监测河口海岸区域悬浮泥沙含量,掌握其时空演变规律,对河口海岸资源及生态环境的监测、评估、保护、持续开发与利用等多方面都具有重要的理论价值和现实意义。

本书利用大量现场实测光谱和水体采样数据以及 Landsat 卫星长时间序列影像数据及其他相关数据,建立了一个普适性好、精度高的 QRLTSS 定量遥感模型,制图并对比分析了珠江、漠阳江和韩江河口海岸区域的悬浮泥沙时空演变特征。主要研究结论包括:

(1) 基于大量现场实测光谱和水体采样数据,建立了一个精度高和鲁棒性好,并且可适用于多个河口海岸水体悬浮泥沙定量遥感反演 QRLTSS 模型。

基于徐闻近岸、漠阳江、珠江、韩江和长江河口海岸区域大量的现场实测数据,研究首先计算了光谱数据与悬浮泥沙含量的相关关系,重新检验并验证了既有的大量 Landsat 悬浮泥沙定量遥感反演模型。经过验证、对比分析,改进了既有模型的形式并对其进行了参数优化,最终建立了 QRLTSS 模型。

本书建立的 QRLTSS 模型具有更高的反演精度,模型决定系数约为 0.72(TSS:4.3~577.2mg/L,$N=84$,$P<0.001$),均方根误差(RMSE)和平均相对误差(MRE)分别为 21.5~25mg/L 和 27.2~32.5%(TSS:4.5~474mg/L,$N=35$)。研究还发现,由于技术进步和改善设计,基于 Landsat OLI 传感器的 QRLTSS 模型的精度优于 TM、ETM+传感器。

（2）基于同步（准同步）的卫星遥感影像，本书研究进一步验证了优化的悬浮泥沙模型的适用性、鲁棒性和精度。

研究基于 QRLTSS 模型和同步（准同步）Landsat 遥感影像，反演了漠阳江河口海岸（OLI：2013 年 12 月 1 日）、珠江河口海岸（ETM＋：2012 年 11 月 2 日）和韩江河口海岸（OLI：2013 年 12 月 6 日）的悬浮泥沙含量。结果显示，利用 Landsat 遥感影像反演河口海岸悬浮泥沙结果与同步/准同步的现场实测结果有很好的一致性，均方根误差和平均相对误差分别为 11.06mg/L 和 24.1％（TSS：7～160mg/L，$N=22$）。此外，基于一景同步的 EO‐1 Hyperion 影像（2006 年 12 月 21 日），本书进一步验证了 QRLTSS 模型的精度，结果显示 QRLTSS 模型在高浓度悬浮泥沙含量区域（珠江口—伶仃洋）同样具有很高的精度（TSS：106～220.7mg/L，RMSE：26.66mg/L，MRE：12.6％，$N=13$）。

（3）基于 QRLTSS 模型和 Landsat 系列长时间序列遥感影像数据，反演并分析了 1987—2015 年珠江口悬浮泥沙含量的空间分布特征和时序演变规律。

珠江口悬浮泥沙含量空间差异显著（3.37～469.5mg/L），平均值为 127.8mg/L。珠江口"三滩两槽"及白海豚保护区悬浮泥沙含量平均值为 80～191.5mg/L。珠江口东四口门（虎门、蕉门、洪奇门、横门）及其下游区域悬浮泥沙含量显著高于珠江口东南外海区域。东四口门下游到淇澳岛区域，悬浮泥沙含量几乎都在 200mg/L 以上，平均值为 249mg/L；香港离岛以东水域悬浮泥沙含量最低，平均值小于 30mg/L。受东四口门径流和潮汐相互作用的影响，珠江口自西北（223.7mg/L）向东南（51.4mg/L）方向上，悬浮泥沙含量逐渐降低，平均每千米降低 5.86mg/L。

洪季，珠江口近 30 年以来，各个滩槽区域悬浮泥沙含量具有显著的 5～8 年的周期振荡变化，这种周期变化是对珠江流域降雨周期变化的响应；本书通过研究发现西部浅滩和西槽区域悬浮泥沙呈现出五个完整的变化周期，各个周期的时间节点分别为 1988 年、1994 年、1998 年、2003 年、2010 年和 2015 年；中部浅滩、东槽、东部浅滩和白海豚保护区则存在四个显著的周期变化，对应各个周期的时间节点分别为 1994 年、1998 年、2003 年、2010 年和 2015 年。同时，本书还发现 1987—2015 年间珠江口"三滩两槽"5 个区域悬浮泥沙含量都呈现出显著的下降趋势，平均每年降低 5.7～10.1mg/L，主要原因是珠江流域上游大坝的蓄水拦沙作用；2003 年以前，白海豚保护区悬浮泥沙含量没有明显变化趋势，但是，自 2003 年 6 月白海豚保护区建立后，悬浮泥沙含量显著降低，平均每年减少 9.7mg/L。洪季，珠江口悬浮泥沙含量的周期和趋势变化规律表明，人为调控措施对悬浮泥沙的变化趋势有显著的影响，对其周期变化规律影响很小，说明珠江口悬浮泥沙的周期变化是一种很强的自然规律。枯季，珠江口悬浮泥沙含量无显著的变化规律，仅西槽和中部浅滩区域悬浮泥沙含量有较弱的升高趋势，平均每年增加 2.1mg/L 和 2.9mg/L。珠江口悬浮泥沙含量空间差异显著，各子区域悬浮泥沙的周期和趋势变化规律有较大差异；珠江口悬浮泥沙含量的周期变化和降低趋势主要发生在洪季，枯季变化相对很小。

（4）基于 QRLTSS 模型和 Landsat 系列长时间序列遥感影像数据，反演并对比分析了 1987—2015 年漠阳江、韩江河口海岸悬浮泥沙含量及其空间分布和时序变化特征。

漠阳江河口海岸多年平均悬浮泥沙含量最大值为 334.7mg/L，最小值为 1.58mg/L，整个河口区域平均值为 55.83mg/L。悬浮泥沙含量相对较高区域主要分布在河口入海处以及东北、西南两个方向的近海岸带。其中悬浮泥沙高含量区（TSS＞120mg/L）在漠阳江河口西南方向的海陵大堤东侧、平冈镇和海陵镇之间的区域分布最为广泛，面积约为 30km²；其次是入海河口东侧至大沟镇西半部沿岸一带，面积约为 13km²；分布区域相对小的埠场镇沿岸面积约为 9km²。漠阳江河口海岸悬浮泥沙含量 80mg/L 等值线平均推远至距河口海岸 1.6km 处，在海陵大堤东侧、平冈镇和海陵镇之间的区域最远，可达 4.7km；在距漠阳江河口海岸平均 10km 范围内，远离河口海岸方向上，悬浮泥沙含量呈现降低趋势，变化速率约为 5.18mg/(L·km)。由于在漠阳江河口海岸西南方向上海陵大堤的阻挡作用，悬浮泥沙在海陵大堤东侧淤积，导致以海陵大堤为界线的东西两侧区域呈现出了显著的差异。海陵大堤东侧区域悬浮泥沙平均含量约为 163.7mg/L，西侧区域约为 74.9mg/L，东侧约为西侧的 2.2 倍。

长时间序列周期和趋势变化方面，漠阳江河口海岸区域除洪季悬浮泥沙含量出现较为显著的逐渐降低的趋势［2.9mg/(L·a)］之外，洪、枯季均未发现其他显著的变化规律和趋势。漠阳江河口海岸区域悬浮泥沙含量枯季一般高于洪季 65mg/L。

韩江河口海岸多年悬浮泥沙含量呈显著的空间分布格局。平均值为 81.4mg/L，最大值为 392.2mg/L，最小值为 5.7mg/L。韩江各支流下游至入海口区域悬浮泥沙含量相对较高，包括北溪入海口、东溪入海口，西溪下游的外砂河、新津河 2 个入海口区域，导致有大量"羽状锋"存在，特别是在各支流入海口区域，多呈"舌形态"和"喷流形态"，新津河入海口西侧的一座堤坝两侧区域也是"羽状锋"转折常驻位置。悬浮泥沙高含量区（TSS＞120mg/L）在北溪入海口区域分布最为广泛，面积约为 39km²；东溪入海口高泥沙含量区域次之，面积约为 22km²，其他两个悬浮泥沙高含量区分布较为平均，面积约为 11km²。韩江河口海岸悬浮泥沙含量 80mg/L 等值线约推远至距河口海岸 5.1km 处，在东溪附近区域最远，可达 7.3km；韩江距河口海岸平均 10km 范围内，远离河口海岸方向上，悬浮泥沙含量呈现降低趋势，变化速率约为 7.56mg/(L·km)。另外，在西溪下游的新津河入海西侧于 1996 年修建了一座堤坝，导致以此堤坝为分界线的东、西两侧区域悬浮泥沙含量呈现出显著的差异。

韩江河口海岸区域洪季、枯季悬浮泥沙含量均无显著的周期性变化规律，但都呈现出显著的降低趋势，悬浮泥沙含量平均每年约减少 7mg/L（洪季）和 6.8mg/L（枯季），枯季变化速率略低于洪季。与漠阳江河口海岸相似，韩江河口海岸悬浮泥沙含量枯季一般也高于洪季，多年平均高出约 56mg/L。

珠江、漠阳江和韩江 3 个河口海岸区域悬浮泥沙含量都呈现显著的空间差异特征，在空间分布上都存在远离河口海岸方向上悬浮泥沙含量逐渐降低的趋势 [5.18～7.56mg/(L·km)]；珠江河口海岸区域洪季悬浮泥沙含量都高于枯季，而漠阳江和韩江两个河口海岸区域则相反；珠江河口海岸区域洪季悬浮泥沙含量有显著的周期变化规律（5～8 年）以及降低趋势 [5.7～10.1mg/(L·a)]，枯季则无显著的变化；漠阳江河口海岸区域洪季悬浮泥沙含量无周期变化规律但呈现较弱的降低趋势 [2.9mg/(L·a)]，枯季悬浮泥沙无显著的周期变化规律和变化趋势；韩江河口海岸区域洪季、枯季悬浮泥沙含量无显著的周期变化，但呈现显著的降低趋势 [洪季：7mg/(L·a)；枯季：6.8mg/(L·a)]。

5.2 创新点

本书针对 Landsat 卫星长时间序列遥感影像数据展开了河口海岸悬浮泥沙时空演变规律的研究，主要包含了以下创新内容：

（1）建立了一个精度高、鲁棒性好，适用于多个河口海岸区域且悬浮泥沙含量显著分异的 QRLTSS 定量遥感反演模型。

QRLTSS 模型验证的均方根误差优于 25mg/L，平均相对误差优于 32.5%（TSS：4.5～474mg/L，$N=35$）。基于同步遥感影像对 QRLTSS 模型的验证结果表明，现场实测悬浮泥沙含量与同步遥感影像反演的悬浮泥沙含量结果有很好的一致性，均方根误差优于 26.66mg/L，平均相对误差优于 24.1%（TSS：7～220.7mg/L）。

（2）基于 QRLTSS 悬浮泥沙定量反演模型，结合长时间序列遥感影像数据反演并分析了珠江、漠阳江和韩江河口海岸悬浮泥沙含量近 30 年以来的时空演变规律。

研究发现，1987—2015 年，珠江口洪季悬浮泥沙含量存在确定的 5～8 年的周期变化特征，同时呈现出显著的年际降低趋势，平均每年降低 5.7～10.1mg/L，但珠江口枯季悬浮泥沙含量变化相对较小。漠阳江河口海岸，悬浮泥沙含量无显著的周期变化；洪季悬浮泥沙含量呈现一定的逐渐降低的趋势，平均每年降低 2.9mg/L；枯季，漠阳江河口海岸悬浮泥沙含量无显著变化。漠阳江河口海岸悬浮泥沙含量枯季一般平均高于洪季 65mg/L。韩江河口海岸，悬浮泥沙含量同样无显著的周期性变化规律，但呈现出显著的降低趋势，洪、枯季悬浮泥沙含量平均每年约减少 7mg/L 和 6.8mg/L。韩江河口海岸枯季悬浮泥沙含量一般高于洪季，平均高出约 56mg/L。在远离河口海岸方向上，珠江、漠阳江和韩江河口海岸悬区域浮泥沙含量逐渐降低，平均每千米减少 5.86mg/L、5.16mg/L、7.56mg/L。

5.3　研究展望

本书研究建立的优化的基于 Landsat 的悬浮泥沙定量遥感反演模型在研究多个河口海岸悬浮泥沙含量及时空变化过程中具有较高的精度和良好的普适性。基于 Landsat 系列卫星影像数据和优化的模型，研究反演并分析了漠阳江、珠江和韩江河口海岸悬浮泥沙含量近 30 年来时空特征和变化趋势。然而，在河口海岸悬浮泥沙人类活动和气候效应，最大浑浊带，综合遥感反演与传统水动力泥沙输移方法的悬浮泥沙驱动力分析等方面仍亟待进一步加强和开展：

河口海岸泥沙含量在特殊气象条件效应下的变化研究。如 2008 年我国南方冰雪灾害发生后，珠江口水体悬浮泥沙含量异常偏高这一关联过程的深入分析。我国自然灾害多发，特别是在东南沿海一带，台风、暴雨和洪涝等气象灾害不仅会严重影响人民生产、生活和人身安全，同时也会剧烈改变和改造自然环境，进而引发潜在危害。此类气象灾害发生时，过程强但持续时间短且多云雨覆盖，遗憾的是，Landsat 系列卫星遥感重访周期为 16 天，很难捕捉到一个连续、完整的特定气象条件效应下的变化过程。国内外仅有的相关研究多借助于时间分辨率高的遥感数据源开展，如双星组网的重访周期接近一天的 MODIS 数据。因此，基于多源卫星遥感如国产自主 HJ 星数据（2d）以及国外的 MODIS 数据、HICO 数据（3d）和 MERIS 数据（3d）等能最大程度上帮助开展河口海岸泥沙含量在特殊气象条件效应下的变化研究。

最大浑浊带。河口最大浑浊带是指河口中含沙浓度稳定高于其上、下游，且在一定范围内有规律地迁移的浑浊水体。其形成的主要动力机制可归结为：在高度分层的河口，重力环流是最主要的因素；在垂向均匀混合河口，潮汐不对称产生的泥沙向陆净输移是主要因素；在部分混合河口，除重力环流有重要作用外，涨落潮不对称输沙导致的泥沙向陆净输移、潮汐捕集作用和斯托克斯漂移效应产生的泥沙净输移也相当重要。目前，相关研究多基于悬浮泥沙含量的空间分布进行河口海岸最大浑浊带的识别和判断。但是，既有研究所依据的标准差异很大，同时也包含了较多的人为主观因素。一些研究以悬浮泥沙含量高出上、下游几倍（常见的标准为 3 倍以上）的标准来划分最大浑浊带，另一些则以悬浮泥沙含量大于某一阈值来判断。如何最大程度上避免人为主观判断，以更科学合理的方法自动识别并分析河口海岸最大浑浊带的运动变化是下一步研究的重要方面。

遥感反演与水动力泥沙输移的物理模型和数值模拟的有效耦合。影响河口海岸悬浮泥沙的时空变化的因素众多，主要包括上游径流、输沙等水文要素，降雨、风等气象要素，洋流、潮汐等海洋要素以及水利调控、生产生活等人类活动。因此，悬浮泥沙时空变化的驱动过程十分复杂。本书通过研究发现，1987—2015 年间，珠江口西槽和中部浅滩区域枯季悬浮泥沙含量有一定的升高趋势，其原因当前推测为：为了避免咸潮入侵，珠江上游流量控制带来的影响；但是，受珠江口东四口门（虎门、蕉门、洪奇门、横门）径流直接的西部浅滩区域枯季悬浮泥沙含量的变化趋势却不显著。因此，单一依靠遥感反演结果不能很好地解释类似现象的深层物理机制。分析认为，影响由于水体的流动性，使得悬浮泥沙的时空变化有别于多数位置相对固定的地理对象，悬浮泥沙的时空变化在是空间和时间上的同时变化，增加分析该过程的复杂性和难度。研究悬浮泥沙时空变化的驱动机制需要大量的监测数据和资料，这些数据是异构的且归属于不同部门，较难同时获取，特别是研究时空变化时需要长时间序列的数据。更重要的是，仅基于遥感反演结果与相关因素分析悬浮泥沙的时空变化时，其物理过程较难阐述清楚。而传统的物理模型和数值模拟等以水动力过程为理论基础，是悬浮泥沙时空变化研究的有效途径。悬浮泥沙遥感反演结果能极大程度上丰富传统物理模型和数值模拟的数据输入和对比参照，物理模型和数值模拟则能更科学地阐释悬浮泥沙遥感反演时空变化的驱动机制。如何有效耦合遥感反演与水动力泥沙输移的物理模型和数值模拟，将遥感反演利用同化方法应用到悬浮泥沙时空变化研究中，分析并量化该过程中多源异构数据的时空差异及影响，最终服务于社会将是下一步的研究重点。

参 考 文 献

［1］ Caballero I, Morris E P, Ruiz J, et al. Assessment of suspended solids in the Guadalquivir estuary using new DEIMOS - 1 medium spatial resolution imagery ［J］. Remote Sensing of Environment, 2014, 146: 148 - 158.

［2］ 侯庆志, 陆永军, 王建, 等. 河口与海岸滩涂动力地貌过程研究进展 ［J］. 水科学进展, 2012, 23 (2): 286 - 294.

［3］ Pozdnyakov D, Shuchman R, Korosov A, et al. Operational algorithm for the retrieval of water quality in the Great Lakes ［J］. Remote Sensing of Environment, 2005, 97: 352 - 370.

［4］ Chen S, Han L, Chen X, et al. Estimating wide range Total Suspended Solids concentrations from MODIS 250 - m imageries: An improved method ［J］. ISPRS Journal of Photogrammetry and Remote Sensing, 2015, 99: 58 - 69.

［5］ Chen S, Huang W R, Chen W Q, et al. An enhanced MODIS remote sensing model for detecting rainfall effects on sediment plume in the coastal waters of Apalachicola Bay ［J］. Marine Environmental Research, 2011, 72 (5): 265 - 272.

［6］ Wu G, Cui L, Duan H, et al. An approach for developing Landsat - 5 TM - based retrieval models of suspended particulate matter concentration with the assistance of MODIS ［J］. ISPRS Journal of Photogrammetry and Remote Sensing, 2013, 85: 84 - 92.

［7］ May C L, Koseff J R, Lucas L V, et al. Effects of spatial and temporal variability of turbidity on phytoplankton blooms ［J］. MARINE ECOLOGY PROGRESS SERIES, 2003, 254: 111 - 128.

［8］ Doxaran D, Froidefond J M, Castaing P, et al. Dynamics of the turbidity maximum zone in a macrotidal estuary (the Gironde, France): Observations from field and MODIS satellite data ［J］. Estuarine, Coastal and Shelf Science, 2009, 81: 321 - 332.

［9］ Bianchia T S, Allison M A. Large - river delta - front estuaries as natural recorders of global environmental change ［J］. PNAS, 2009, 106 (20): 8085 - 8092.

［10］ 黄秉维, 郑度, 赵名茶. 现代自然地理 ［M］. 北京: 科学出版社, 1999.

［11］ 伍光和, 王乃昂, 胡双熙, 等. 自然地理学 ［M］. 4 版. 北京: 高等教育出版社, 2008.

［12］ Feng L, Hu C, Chen X, et al. Influence of the Three Gorges Dam on total suspended matters in the Yangtze Estuary and its adjacent coastal waters: Observations from MODIS ［J］. Remote Sensing of Environment, 2014, 140: 779 - 788.

［13］ Mao Z, Chen J, Pan D, et al. A regional remote sensing algorithm for total suspended matter in the East China Sea ［J］. Remote Sensing of Environment, 2012, 124: 819 - 831.

[14] Edgardo M L, Eugenio Y A, Thomas D, et al. Damming the rivers of the Amazon basin [J]. Nature, 2017, 546: 363 - 369.

[15] 李洪灵, 张鹰, 姜杰. 基于遥感方法反演悬浮泥沙分布 [J]. 水科学进展, 2006, 17 (2): 242 - 245.

[16] Zhang B, Li J, Shen Q, et al. A bio - optical model based method of estimating total suspended matter of Lake Taihu from near - infrared remote sensing reflectance [J]. Environ Monit Assess, 2008, 145: 339 - 347.

[17] 陈燕, 孔金玲, 孙晓明, 等. 基于半分析模型的渤海湾近岸海域悬浮泥沙浓度遥感反演 [J]. 地理与地理信息科学, 2014, 30 (3): 33 - 36, 55.

[18] Wang Y H, Deng Z D, Ma R H. Suspended solids concentration estimation in Lake Taihu using field spectra and MODIS data [J]. Acta Scientiae Circumstantiae, 2007, 27 (3): 509 - 515.

[19] 刘良明, 张红梅. 基于 MODIS 数据的悬浮泥沙定量遥感方法 [J]. 国土资源遥感, 2006, (2): 42 - 45.

[20] 肖康, 许惠平, 叶娜. 福建近岸悬浮泥沙浓度遥感监测 [J]. 测绘科学, 2014, 39 (11): 47 - 51, 107.

[21] Kumar D, Pandey A, Sharma N, et al. Daily suspended sediment simulation using machine learning approach [J]. Catena, 2016, 138: 77 - 90.

[22] Huang W P. Modelling the effects of typhoons on morphological changes in the Estuary of Beinan, Taiwan [J]. Continental Shelf Research, 2017, 135: 1 - 13.

[23] Heath M, Sabatino A, Serpetti N, et al. Modelling the sensitivity of suspended sediment profiles to tidal current and wave conditions [J]. Ocean & Coastal Management, 2017, 147: 49 - 66.

[24] Simmons S M, Parsons D R, Best J L, et al. An evaluation of the use of a multibeam echo - sounder for observations of suspended sediment [J]. Applied Acoustics, 2017, 126: 81 - 90.

[25] Guerrero M, Rüther N, Haun S, et al. A combined use of acoustic and optical devices to investigate suspended sediment in rivers [J]. Advances in Water Resources, 2017, 102: 1 - 12.

[26] Bessell - Browne P, Negri A P, Fisher R, et al. Impacts of turbidity on corals: The relative importance of light limitation and suspended sediments [J]. Marine Pollution Bulletin, 2017, 117: 161 - 170.

[27] Humanes A, Fink A, Willis B L, et al. Effects of suspended sediments and nutrient enrichment on juvenile corals [J]. Marine Pollution Bulletin, 2017, 8: 11 - 20.

[28] Li L, Guan W, He Z, et al. Responses of water environment to tidal flat reduction in Xiangshan Bay: Part II locally resuspended sediment dynamics [J]. Estuarine, Coastal and Shelf Science, 2017, 198: 114 - 127.

[29] Magalhaes S C, Scheid C M, Calçada L A, et al. Real time prediction of suspended solids in drilling fluids [J]. Journal of Natural Gas Science and Engineering, 2016, 30: 164 - 175.

[30] Wang C, Wang D, Yang J, et al. The spatial and temporal variations of suspended sedi-

ment in estuaries and coasts based on remote sensing：A review ［J］. Journal of Coastal Research，2019.

［31］ 朱振海，黄晓霞，李红旮，等. 中国遥感的回顾与展望 ［J］. 地球物理学进展，2002，17 （2）：310 - 316.

［32］ 刘志国，周云轩，蒋雪中，等. 近岸 II 类水体表层悬浮泥沙浓度遥感模式研究进展 ［J］. 地球物理学进展，2006，21 （1）：321 - 326.

［33］ 李德仁，眭海刚，单杰. 论地理国情监测的技术支撑 ［J］. 武汉大学学报信息科学版，2012，37 （5）：505 - 512.

［34］ Wang C，Li D，Wang D，et al. A total suspended sediment retrieval model for multiple estuaries and coasts by Landsat imageries. In：2016 Fourth International Workshop on Earth Observation and Remote Sensing Applications. ed. ；2016.

［35］ Wang C，Chen S，Li D，et al. A Landsat - based model for retrieving total suspended solids concentration of estuaries and coasts in China ［J］. Geoscientific Model Development，2017，10，4347 - 4365.

［36］ 赵英时. 遥感应用分析原理与方法 ［M］. 北京：科学出版社，2003.

［37］ 韩留生. 矿业扰动区水质参数高光谱遥感反演 ［D］. 青岛：山东科技大学，2011.

［38］ Maul G A. Introduction to Satellite Oceanography ［M］. Ordrecht，Netherlands：Martinus Nijhoff Publishers，1985.

［39］ Mobley C D. Light and Water：Radiative transfer in natural waters ［M］. New York：Academic Press，1994.

［40］ Hu C，Chen Z，Clayton T D，et al. Assessment of estuarine water - quality indicators using MODIS medium - resolution bands：Initial results from Tampa Bay，FL ［J］. Remote Sensing of Environment，2004，93 （3）：423 - 441.

［41］ 汪小勇，李铜基，唐军武，等. 二类水体表观光学特性的测量与分析——水面之上法方法研究 ［J］. 海洋技术，2004，23 （2）：1 - 7.

［42］ 唐军武，田国良，汪小勇，等. 水体光谱测量与分析：水面以上测量法 ［J］. 遥感学报，2004，8 （1）：37 - 44.

［43］ Frazier P S，Page K J. Water body detection and delineation with Landsat TM data ［J］. Photogrammetric Engineering and Remote Sensing，2000，66 （12）：1461 - 1468.

［44］ Zhao L，Yu H，Zhang L. Water body extraction in urban region from high resolution satellite imagery with near - infrared spectral analysis ［M］. 2009.

［45］ 王得玉，冯学智，周立国. 太湖蓝藻爆发与水温的关系的 MODIS 遥感 ［J］. 湖泊科学，2008，20 （2）：173 - 178.

［46］ Wang H，Hladik C M，Huang W，et al. Detecting the spatial and temporal variability of chlorophylla concentration and total suspended solids in Apalachicola Bay，Florida using MODIS imagery ［J］. International Journal of Remote Sensing，2010，31 （2）：439 - 453.

［47］ Chen S，Huang W R，Chen W Q，et al. Remote sensing analysis of rainstorm effects on sediment concentrations in Apalachicola Bay，USA ［J］. Ecological Informatics，2011，6 （2）：147 - 155.

[48] Chen S, Huang W, Wang H, et al. Remote sensing assessment of sediment re – suspension during Hurricane Frances in Apalachicola Bay, USA [J]. Remote Sensing of Environment, 2009, 113: 2670 – 2681.

[49] Dogliotti A I, Ruddick K G, Nechad B, et al. A single algorithm to retrieve turbidity from remotely – sensed data in all coastal and estuarine waters [J]. Remote Sensing of Environment, 2015, 156: 157 – 168.

[50] Jay S, Guillaume M, Minghelli A, et al. Hyperspectral remote sensing of shallow waters: Considering environmental noise and bottom intra – class variability for modeling and inversion of water reflectance [J]. Remote Sensing of Environment, 2017, 200: 352 – 367.

[51] NGUYEN K D, PHAN N v, GUILLOU S. A 3D numerical study for the saline intrusion and the sediment transport in the Gironde Estuary (France) [J]. Pearl River, 2007, 1: 27 – 34.

[52] Jianhua W, Laurent M, Jean – Pierre T. Sedimentary facies and paleo environmental interpretation of a Holocene marsh in the Gironde Estuary in France [J]. Acta Oceanologica Sinica, 2006, 25 (6): 52 – 62.

[53] Dogliotti A I, Ruddick K, Guerrero R. Seasonal and inter – annual turbidity variability in the Río de la Plata from 15 years of MODIS: El Ni~no dilution effect [J]. Estuarine, Coastal and Shelf Science, 2016, 182: 27 – 39.

[54] Thanh V Q, Reyns J, Wackerman C, et al. Modelling suspended sediment dynamics on the subaqueous delta of the Mekong River [J]. Continental Shelf Research, 2017, 147: 213 – 230.

[55] Wackerman C, Hayden A, Jonik J. Deriving spatial and temporal context for point measurements of suspended sediment concentration using remote – sensing imagery in the Mekong Delta [J]. Continental Shelf Research, 2017, 147: 231 – 245.

[56] Loisel H, Mangin A, Vantrepotte V, et al. Variability of suspended particulate matter concentration in coastal waters under the Mekong's influence from ocean color (MERIS) remote sensing over the last decade [J]. Remote Sensing of Environment, 2014, 150: 218 – 230.

[57] Gensac E, Martinez J – M, Vantrepotte V, et al. Seasonal and inter – annual dynamics of suspended sediment at the mouth of the Amazon River: The role of continental and oceanic forcing, and implications for coastal geomorphology and mud bank formation [J]. Continental Shelf Research, 2016, 118: 49 – 62.

[58] Park E, Latrubesse E M. Modeling suspended sediment distribution patterns of the Amazon River using MODIS data [J]. Remote Sensing of Environment, 2014, 147: 232 – 242.

[59] Espinoza – Villar R, Martinez J – M, Armijos E, et al. Spatio – temporal monitoring of suspended sediments in the Solimões River (2000 – 2014) [J]. Comptes Rendus Geoscience, 2017, 5: 10 – 18.

[60] Ohashi Y, Iida T, Sugiyama S, et al. Spatial and temporal variations in high turbidity

surface water off the Thule region, northwestern Greenland [J]. Polar Science, 2016, 10: 270 – 277.

[61] Olmanson L G, Brezonik P L, Bauer M E. Airborne hyperspectral remote sensing to assess spatial distribution of water quality characteristics in large rivers _ The Mississippi River and its tributaries in Minnesota [J]. Remote Sensing of Environment, 2013, 130: 254 – 265.

[62] Ritchie J C, Cooper C M, Schiebe F R. The relationship of MSS and TM digital data with suspended sediments, chlorophyll, and temperature in Moon lake, Mississippi [J]. Remote Sensing of Environment, 1990, 33, 137 – 148.

[63] Ashall L M, Mulligan R P, Law B A. Variability in suspended sediment concentration in the Minas Basin, Bay of Fundy, and implications for changes due to tidal power extraction [J]. Coastal Engineering, 2016, 107: 102 – 115.

[64] Beltaos S, Burrell B C. Transport of suspended sediment during the breakup of the ice cover, Saint John River, Canada [J]. Cold Regions Science and Technology, 2016, 129: 1 – 13.

[65] Miguel L L A J, Castro J W A, Nehama F P J. Tidal impact on suspended sediments in the Macuse Estuary in Mozambique [J]. Regional Studies in Marine Science, 2017.

[66] Kumar A, Equeenuddin S M, Mishra D R, et al. Remote monitoring of sediment dynamics in a coastal lagoon: Longterm spatio – temporal variability of suspended sediment in Chilika [J]. Estuarine, Coastal and Shelf Science, 2016, 170: 155 – 172.

[67] Swain R, Sahoo B. Mapping of heavy metal pollution in river water at daily time – scale using spatio – temporal fusion of MODIS – aqua and Landsat satellite imageries [J]. Journal of Environmental Management, 2017, 192: 1 – 14.

[68] Jafar – Sidik M, Gohin F, Bowers D, et al. The relationship between Suspended Particulate Matter and Turbidity at a mooring station in a coastal environment: consequences for satellite – derived products [J]. Oceanologia, 2017, 59: 365 – 378.

[69] Kabiri K, Moradi M. Landsat – 8 imagery to estimate clarity in near – shore coastal waters: Feasibility study Chabahar Bay, Iran [J]. Continental Shelf Research, 2016, 125: 44 – 53.

[70] Robert E, Grippa M, Kergoat L, et al. Monitoring water turbidity and surface suspended sediment concentration of the Bagre Reservoir (Burkina Faso) using MODIS and field reflectance data [J]. International Journal of Applied Earth Observation and Geoinformation, 2016, 52: 243 – 251.

[71] Constantin S, Constantinescu Ș, Doxaran D. Long – term analysis of turbidity patterns in Danube Delta coastal area based on MODIS satellite data [J]. Journal of Marine Systems, 2017, 170: 10 – 21.

[72] Bernardo N, Watanabe F, Rodrigues T, et al. Atmospheric correction issues for retrieving total suspended matter concentrations in inland waters using OLI/Landsat – 8 image [J]. Advances in Space Research, 2017, 59: 2335 – 2348.

[73] Yu X, Salama M S, Shen F, et al. Retrieval of the diffuse attenuation coefficient from

GOCI images using the 2SeaColor model：A case study in the Yangtze Estuary ［J］. Remote Sensing of Environment，2016，175：109 – 119.

［74］ Hou X，Feng L，Duan H，et al. Fifteen – year monitoring of the turbidity dynamics in large lakes and reservoirs in the middle and lower basin of the Yangtze River，China ［J］. Remote Sensing of Environment，2017，190：107 – 121.

［75］ Shen Z，Zhou S，Pei S. Transfer and transport of phosphorus and silica in the turbidity maximum zone of the Changjiang Estuary ［J］. Estuarine，Coastal and Shelf Science，2008，78：481 – 492.

［76］ Li J，Shu G，Yaping W. Delineating suspended sediment concentration patterns in surface waters of the Changjiang Estuary by remote sensing analysis ［J］. Acta Oceanologica Sinica，2010，29（4）：38 – 47.

［77］ Hsu S – C，Lin F – J. Elemental characteristics of surface suspended particulates off the Changjiang Estuary during the 1998 flood ［J］. Journal of Marine Systems，2010，81（4）：323 – 334.

［78］ Chen S – L，Zhang G – A，Yang S – L，et al. Temporal variations of fine suspended sediment concentration in the Changjiang River estuary and adjacent coastal waters，China ［J］. Journal of Hydrology，2006，331：137 – 145.

［79］ Wang J，Lu X，Liew S C，et al. Remote sensing of suspended sediment concentrations of large rivers using multi – temporal MODIS images：an example in the Middle and Lower Yangtze River，China ［J］. International Journal of Remote Sensing，2010，31（4）：1103 – 1111.

［80］ 刘红，何青，王亚，等. 长江河口悬浮泥沙的混合过程 ［J］. 地理学报，2012，67（9）：1269 – 1281.

［81］ 和玉芳，程和琴，陈吉余. 近百年来长江河口航道拦门沙的形态演变特征 ［J］. 地理学报，2011，66（3）：305 – 312.

［82］ 韩震，金亚秋，恽才兴. 神舟三号 CMODIS 数据获取长江口悬浮泥沙含量的时空分布 ［J］. 遥感学报，2006，10（3）：381 – 386.

［83］ 王建军，吕喜玺，跃周. 基于 Landsat ETM＋卫星影像的长江上游混浊河水悬沙浓度提取 ［J］. 科学通报，2007，52（S（II））：234 – 240.

［84］ Zang Z，Xue Z G，Bi N，et al. Seasonal and intra – seasonal variations of suspended – sediment distribution in the Yellow Sea ［J］. Continental Shelf Research，2017，8：15 – 28.

［85］ Xia X，Dong J，Wang M，et al. Effect of water – sediment regulation of the Xiaolangdi Reservoir on the concentrations，characteristics，and fluxes of suspended sediment and organic carbon in the Yellow River ［J］. Science of the Total Environment，2016，571：487 – 497.

［86］ Zhang M，Dong Q，Cui T，et al. Suspended sediment monitoring and assessment for Yellow River estuary from Landsat TM and ETM＋ imagery ［J］. Remote Sensing of Environment，2014，146：136 – 147.

［87］ 朱小鸽，何执兼，邓明. 最近 25 年珠江口水环境的遥感监测 ［J］. 遥感学报，2001，5（5）：396 – 401.

［88］ 朱樊，欧素英，张铄涵，等. 基于 MODIS 影像的珠江口表层悬沙浓度反演及时空变化分析［J］. 泥沙研究，2015，(2)：67-73.

［89］ 陈晓玲，袁中智，李毓湘，等. 基于遥感反演结果的悬浮泥沙时空动态规律研究——以珠江河口及邻近海域为例［J］. 武汉大学学报（信息科学版）2005，30（8）：677-681.

［90］ Wang C，Li W，Chen S，et al. The spatial and temporal variation of total suspended solid concentration in Pearl River Estuary during 1987—2015 based on remote sensing ［J］. Science of the Total Environment，2018，618，1124-1137.

［91］ Gao G D，Wang X H，Bao X W，et al. The impacts of land reclamation on suspended-sediment dynamics in Jiaozhou Bay，Qingdao，China ［J］. Estuarine，Coastal and Shelf Science，2017，1：1-15.

［92］ Wang H，Wang A，Bi N，et al. Seasonal distribution of suspended sediment in the Bohai Sea，China ［J］. Continental Shelf Research，2014，90：17-32.

［93］ Shang S，Lee Z，Shi L，et al. Changes in water clarity of the Bohai Sea：Observations from MODIS ［J］. Remote Sensing of Environment，2016，186：22-31.

［94］ Zhang M，Tang J，Dong Q，et al. Retrieval of total suspended matter concentration in the Yellow and East China Seas from MODIS imagery ［J］. Remote Sensing of Environment，2010，114：392-403.

［95］ Doxaran D，Lamquin N，Park Y-J，et al. Retrieval of the seawater reflectance for suspended solids monitoring in the East China Sea using MODIS，MERIS and GOCI satellite data ［J］. Remote Sensing of Environment，2014，146：36-48.

［96］ Wang C，Li D，Wang D，et al. Detecting the Temporal and Spatial Changes of Suspended Sediment Concentration in Hanjiang River Estuary During the Past 30 Years Using Landsat Imageries ［J］. Research Journal of Environmental Sciences，2017，11，143-155.

［97］ 徐京萍，张柏，宋开山，等. 近红外波段二类水体悬浮物生物光学反演模型研究 ［J］. 光谱学与光谱分析，2008，28（10）：2273-2277.

［98］ 孟灵，屈凡柱，毕晓丽. 二类水体悬浮泥沙遥感反演算法综述 ［J］. 浙江海洋学院学报（自然科学版），2011，30（5）：443-449.

［99］ 施坤，李云梅，刘忠华，等. 基于半分析方法的内陆湖泊水体总悬浮物浓度遥感估算研究 ［J］. 环境科学，2011，32（6）：1571-1580.

［100］ 任敬萍，赵进平. 二类水体水色遥感的主要进展与发展前景 ［J］. 地球科学进展，2002，17（3）：263-371.

［101］ 刘大召，付东洋，沈春燕，等. 河口及近岸二类水体悬浮泥沙遥感研究进展 ［J］. 海洋环境科学，2010，29（4）：611-616.

［102］ Lymburner L，Botha E，Hestir E，et al. Landsat 8：Providing continuity and increased precision for measuring multi-decadal time series of total suspended matter ［J］. Remote Sensing of Environment，2016，185：108-118.

［103］ 钟凯文，刘旭拢，解靓，等. 基于遥感方法反演珠江三角洲西江干流悬浮泥沙分布研究 ［J］. 遥感信息，2009，1：49-52，59.

［104］ 张毅博，张运林，查勇，等. 基于 Landsat 8 影像估算新安江水库总悬浮物浓度 ［J］.

环境科学，2015，36（1）：56 – 63.

[105] Zheng Z, Ren J, Li Y, et al. Remote sensing of diffuse attenuation coefficient patterns from Landsat 8 OLI imagery of turbid inland waters: A case study of Dongting Lake [J]. Science of the Total Environment, 2016, 573: 39 – 54.

[106] Vantrepotte V, Loisel H, Mériaux X, et al. Seasonal and inter – annual (2002 – 2010) variability of the suspended particulate matter as retrieved from satellite ocean color sensor over the French Guiana coastal waters [J]. Journal of Coastal Research, 2011a, 64: 1750 – 1754.

[107] 刘汾汾，陈楚群，唐世林，等. 基于现场光谱数据的珠江口 MERIS 悬浮泥沙分段算法 [J]. 热带海洋学报 2009，28（1）：9 – 14.

[108] 王飞，王珊珊，王新，等. 杭州湾悬浮泥沙遥感反演与变化动力分析 [J]. 华中师范大学学报（自然科学版），2014，48（1）：112 – 117.

[109] Tan J, Cherkauer K A, Chaubey I, et al. Water quality estimation of River plumes in Southern Lake Michigan using Hyperion [J]. Journal of Great Lakes Research, 2016, 42: 524 – 535.

[110] 李致博，刘湘南，李露锋. 基于多极化后向散射系数的海洋悬浮物反演研究 [J]. 海洋技术，2011，30（4）：68 – 73.

[111] Tuset J, Vericat D, Batalla R J. Rainfall, runoff and sediment transport in a Mediterranean mountainous catchment [J]. Science of the Total Environment, 2016, 540: 114 – 132.

[112] Tang J, Wang X, Song Q, et al. The statistic inversion algorithms of water constituents for the Huanghai Sea and the East China Sea [J]. Acta Oceanologica Sinica, 2004, 23 (4): 617 – 626.

[113] 樊辉，黄海军. 南黄海辐射沙洲邻近海域表层悬浮颗粒物浓度遥感反演 [J]. 地理科学，2011，31（2）：159 – 165.

[114] Gordon H R, Brown O B, Evans R H, et al. A Semianalytic Radiance Model of Ocean Color [J]. Journal of Geophysical Research 1988, 93 (D9): 10909 – 10924.

[115] Carder K L, Chen F R, Lee Z P, et al. Semianalytic Moderate – Resolution Imaging Spectrometer algorithms for chlorophyll a and absorption with bio – optical domains based on nitrate – depletion temperatures [J]. JOURNAL OF GEOPHYSICAL RESEARCH, 1999, 104 (C3): 5403 – 5421.

[116] Lee Z P, Carder K L, Amone R. Deriving inherent optical properties from water color: A multi – band quasi – analytical algorithm for optically deep waters [J]. Applied Optics, 2002, 41: 5755 – 5772.

[117] Giardino C, Brando V E, Dekker A G, et al. Assessment of water quality in Lake Garda (Italy) using Hyperion [J]. Remote Sensing of Environment, 2007, 109: 183 – 195.

[118] Zhang Y, Zhang B, Wang X, et al. A study of absorption characteristics of chromophoric dissolved organic matter and particles in Lake Taihu, China [J]. Hydrobiologia, 2007, 592: 105 – 120.

[119] 孙德勇，李云梅，王桥，等. 内陆湖泊水体固有光学特性的典型季节差异 [J]. 应用生

态学报，2008，19（5）：1117-1124.

[120]　戴永宁，李素菊，王学军. 巢湖水体固有光学特性研究［J］. 环境科学研究，2008，21（5）：173-177.

[121]　陈莉琼，陈晓玲，田礼乔，等. 鄱阳湖水体悬浮颗粒物散射光谱分解方法研究［J］. 光谱学与光谱分析，2012，32（3）：729-733.

[122]　李云梅，黄家柱，陆皖宁，等. 基于分析模型的太湖悬浮物浓度遥感监测［J］. 海洋与湖沼，2006，37（2）：171-177.

[123]　Chen J，Cui T，Qiu Z，et al. A three-band semi-analytical model for deriving total suspended sediment concentration from HJ-1A/CCD data in turbid coastal waters［J］. ISPRS Journal of Photogrammetry and Remote Sensing，2014，93：1-13.

[124]　Nechad B，Ruddick K，Park Y. Calibration and validation of a generic multisensor algorithm for mapping of total suspended matter in turbid waters［J］. Remote Sensing of Environment，2010，114：854-866.

[125]　Sun D，Li Y，Le C，et al. A semi-analytical approach for detecting suspended particulate composition in complex turbid inland waters (China)［J］. Remote Sensing of Environment，2013，130：92-99.

[126]　Giardino C，Bresciani M，Valentini E，et al. Airborne hyperspectral data to assess suspended particulate matter and aquatic vegetation in a shallow and turbid lake［J］. Remote Sensing of Environment，2015，157：48-57.

[127]　金鑫，李云梅，王桥，等. 基于生物光学模型的巢湖悬浮物浓度反演［J］. 环境科学，2010，31（12）：2882-2889.

[128]　张红，黄家柱，李云梅，等. 基于QAA算法的巢湖悬浮物浓度反演研究［J］. 环境科学，2012，32（2）：429-435.

[129]　何青，恽才兴，时伟荣. 长江口表层水体悬沙浓度场遥感分析［J］. 自然科学进展，1999，9（2）：160-164.

[130]　陈勇，韩震，杨丽君，等. 长江口水体表层悬浮泥沙时空分布对环境演变的响应［J］. 海洋学报，2012，34（1）：145-152.

[131]　黎夏. 悬浮泥沙遥感定量的统一模式及其在珠江口中的应用［J］. 环境遥感，1992，7（2）：106-115.

[132]　Doxaran D，Froidefond J，Castaing P. Remote-sensing reflectance of turbid sediment-dominated waters. Reduction of sediment type variations and changing illumination conditions effects by use of reflectance ratios［J］. Applied Optics，2003，42（15）：2623-2634.

[133]　Dekkera A G，Vosb R J，Petersb S W M. Comparison of remote sensing data，model results and in situ data for total suspended matter žTSM/ in the southern Frisian lakes［J］. The Science of the Total Environment，2001，268：197-214.

[134]　Oyama Y，Matsushita B，Fukushima T，et al. Application of spectral decomposition algorithm for mapping water quality in a turbid lake (Lake Kasumigaura，Japan) from Landsat TM data［J］. ISPRS Journal of Photogrammetry and Remote Sensing，2009，64：73-85.

[135] LATHROP R G, LILLESAND T M, YANDELL B S. Testing the utility of simple multi‐date Thematic Mapper calibration algorithms for monitoring turbid inland waters [J]. International Journal of Remote Sensing, 1991, 12 (10): 2045–2063.

[136] Ritchie J C, Cooper C M. An algorithm for estimating surface suspended sediment concentrations with Landsat MSS digital data [J]. WATER RESOURCES BULLETIN, 1991, 27 (3): 373–379.

[137] Topliss B J, Almos C L, Hill P R. Algorithms for remote sensing of high concentration, inorganic suspended sediment [J]. International Journal of Remote Sensing, 1990, 11 (6): 947–966.

[138] Song K, Wang Z, Blackwell J, et al. Water quality monitoring using Landsat Themate Mapper data with empirical algorithms in Chagan Lake, China [J]. Journal of Applied Remote Sensing, 2011, 5 (1): 053506–053516.

[139] 刘沛然, 闻平. 河口最大浑浊带概述 [J]. 中山大学研究生学刊 (自然科学版) 1998, 19 (增刊): 21–26.

[140] Gebhardt A C, Schoster F, Gaye‐Haake B, et al. The turbidity maximum zone of the Yenisei River (Siberia) and its impact on organic and inorganic proxies [J]. Estuarine, Coastal and Shelf Science, 2005, 65: 61–73.

[141] 朱鹏程. 盐水楔、最大浑浊带与河床冲淤 [J]. 海洋通报, 1984, 3 (1): 79–86.

[142] 张文祥, 杨世伦, 杜景龙, 等. 长江口南槽最大浑浊带短周期悬沙浓度变化 [J]. 海洋学研究, 2008, 26 (3): 25–34.

[143] 蒋雪中, 王维佳, 张俊儒, 等. 长江口最大浑浊带表层水体悬沙粒径对离水光谱反射率的影响 [J]. 泥沙研究, 2012, 5: 1–7.

[144] Yang Y, Li Y, Sun Z, et al. Suspended sediment load in the turbidity maximum zone at the Yangtze River Estuary: The trends and causes [J]. Journal of Geographical Sciences, 2014, 24 (1): 129–142.

[145] 庞重光, 杨作升, 张军, 等. 黄河口最大浑浊带特征及其时空演变 [J]. 黄渤海海洋, 2000, 18 (3): 41–46.

[146] 金惜三, 李炎. 鸭绿江洪季的河口最大混浊带 [J]. 东海海洋, 2001, 19 (1): 1–10.

[147] 田向平. 珠江河口伶仃洋最大混浊带研究 [J]. 热带海洋, 1986, 5 (2): 27–35.

[148] Huang W, Mukherjee D, Chen S. Assessment of Hurricane Ivan Effects on Chlorophyll‐a in Pensacola Bay by MODIS 250m Remote Sensing [J]. Marine Pollution Bulletin, 2011, 62: 490–498.

[149] Chen S, Fang L, Li H, et al. Evaluation of a three‐band model for estimating chlorophyll‐a concentration intidal reaches of the Pearl River Estuary, China [J]. ISPRS Journal of Photogrammetry and Remote Sensing, 2011, 66 (3): 356–364.

[150] Ondrusek M, Stengel E, Kinkade C S, et al. The development of a new optical total suspended matter algorithm for the Chesapeake Bay [J]. Remote Sensing of Environment, 2012, 119: 243–254.

[151] Chen S, Fang L, Zhang L, et al. Remote sensing of turbidity in seawater intrusion reaches of Pearl River estuary: A case study in Modaomen waterway of Pearl River Estuar-

y，China [J]. Estuarine，Coastal and Shelf Science，2009，82：119 - 127.

[152] Li Y，Li X. Remote sensing observations and numerical studies of a super typhoon - induce d suspended sediment concentration variation in the East China Sea [J]. Ocean Modelling，2016，104：187 - 202.

[153] 董年虎，方春明，曹文洪. 三峡水库不平衡泥沙输移规律 [J]. 水利学报，2010，41 (6)：653 - 658.

[154] 蒋昌波，陈杰，程永舟，等. 海啸波作用下泥沙运动——Ⅲ 数学模型的建立与验证 [J]. 水科学进展，2013，24 (1)：88 - 94.

[155] YANG Y - p，ZHANG M - j，LI Y - t，et al. The variations of suspended sediment concentration in Yangtze River Estuary [J]. Journal of Hydrodynamics，2015，27 (6)：845 - 856.

[156] 张世奇. 黄河口输沙及冲淤变形计算研究 [J]. 水利学报，1990，(1)：23 - 33.

[157] 曹文洪，何少苓，方春明. 黄河河口海岸二维非恒定水流泥沙数学模型 [J]. 水利学报，2001，(1)：42 - 48.

[158] 张华庆，李华国，岳翠平. 海河口潮流泥沙运动数值模拟及清淤方案研究 [J]. 水动力学研究与进展，2002，17 (3)：318 - 326.

[159] 李勇，余锡平. 基于两相紊流模型的悬移质泥沙运动数值模拟 [J]. 清华大学学报 (自然科学版)，2007，47 (6)：805 - 808.

[160] 王崇浩，曹文洪，张世奇. 黄河口潮流与泥沙输移过程的数值研究 [J]. 水利学报，2008，39 (10)：1256 - 1263.

[161] Papanicolaou A N T，Elhakeem M，Krallis G，et al. Sediment transport modeling review—current and future developments [J]. Journal of Hydraulic Engineering，2008，134 (1)：1 - 14.

[162] Wu Z Y，Saito Y，Zhao D N，et al. Impact of human activities on subaqueous topographic change in Lingding Bay of the Pearl River estuary，China，during 1955 - 2013 [J]. Scientific Reports，2016，6 (37742)：1 - 10.

[163] Müller M，Cesare G D，J. Schleiss A. Experiments on the effect of in flow and outflow sequenceson suspended sediment exchange rates [J]. International Journal of Sediment Research，2017，32：155 - 170.

[164] Vantrepotte V，Gensac E，Loisel H，et al. Satellite assessment of the coupling between in water suspended particulate matter and mud banks dynamics over the French Guiana coastal domain [J]. Journal of South American Earth Sciences，2013，44：25 - 34.

[165] 庞重光，于炜. 渤海表层悬浮泥沙的空间模态及其时间变化 [J]. 水科学进展，2013，24 (5)：722 - 727.

[166] He X，Bai Y，Pan D，et al. Using geostationary satellite ocean color data to map the diurnal dynamics of suspended particulate matter in coastal waters [J]. Remote Sensing of Environment，2013，133：225 - 239.

[167] Fabricius K E，Logan M，Weeks S J，et al. Changes in water clarity in response to river discharges on the Great Barrier Reef continental shelf：2002 - 2013 [J]. Estuarine，Coastal and Shelf Science，2016，173：A1 - A15.

［168］ Cao Z，Duan H，Feng L，et al. Climate – and human – induced changes in suspended particulate matter over Lake Hongze on short and long timescales ［J］. Remote Sensing of Environment，2017，192：98 – 113.

［169］ Santos A L M R d，Martinez J M，Jr N P F，et al. Purus River suspended sediment variability and contributions to the Amazon River from satellite data（2000 – 2015） ［J］. Comptes Rendus Geoscience，2017，5：8 – 14.

［170］ Białogrodzka J，Stramska M，Ficek D，et al. Total suspended particulate matter in the Porsanger fjord（Norway）in the summers of 2014 and 2015 ［J］. Oceanologia，2017，6：16 – 30.

［171］ Pritchard D W. What is An Estuary：Physical Viewpoint ［J］. American Association for the Advancement of Science，1967，83：3 – 5.

［172］ 唐文魁，高全洲. 河口二氧化碳水—气交换研究进展 ［J］. 地球科学进展，2013，28（9）：1007 – 1014.

［173］ 李初春. 论河口体系及其自动调整作用：以华南河流为例 ［J］. 地理学报，1997，52（4）：353 – 360.

［174］ 牛明香，王俊. 河口生态系统健康评价研究进展 ［J］. 生态学杂志，2014，33（7）：1977 – 1982.

［175］ Dürr H H，Laruelle G G，Kempen C M v，et al. Worldwide Typology of Nearshore Coastal Systems：Defining the Estuarine Filter of River Inputs to the Oceans ［J］. Estuaries and Coasts，2011，34：441 – 458.

［176］ 季荣耀，陆永军. 强潮河口水沙动力过程研究进展 ［J］. 水利水运工程学报，2008，3：64 – 74.

［177］ 沈焕庭，贺松林，茅志昌，等. 中国河口最大浑浊带刍议 ［J］. 泥沙研究，2001，1：23 – 29.

［178］ Lirong W，Huanting Z，Chaojing S，et al. Coastal geomorphic evolut ion at the Denglou Cape，the Leizhou Peninsula ［J］. Acta Oceanologica Sinica，2002，21（4）：597 – 611.

［179］ Zhao H，Chen Q，Walker N D，et al. A study of sediment transport in a shallow estuary using MODIS imagery and particle tracking simulation ［J］. International Journal of Remote Sensing，2011，32（21）：6653 – 6671.

［180］ Shen F，Verhoef W，Zhou Y，et al. Satellite Estimates of Wide – Range Suspended Sediment Concentrations in Changjiang（Yangtze）Estuary Using MERIS Data ［J］. Estuaries and Coasts，2010，33：1420 – 1429.

［181］ Shen F，SALAMA M S，ZHOU Y – X，et al. Remote – sensing reflectance characteristics of highly turbid estuarine waters—a comparative experiment of the Yangtze River and the Yellow River ［J］. International Journal of Remote Sensing，2010，31（10）：2639 – 2654.

［182］ Binding C E，Greenberg T A，Bukata R P. An Analysis of MODIS – Derived Algal and Mineral Turbidity in Lake Erie ［J］. Journal of Great Lakes Research，2012，38（1）：107 – 116.

［183］ Roy D P，Wulder M，Loveland T，et al. Landsat – 8：Science and product vision for terrestrial global change research [J]. Anglais, 2014, 145: 154 - 172.

[184] Knight E J, Kvaran G. Landsat - 8 operational land imager design, characterization and performance [J]. Remote Sensing, 2014, 6 (11): 10286 - 10305.

[185] Amos C, Alfoldi T. The determination of suspended sediment concentration in a macrotidal system using Landsat data [J]. Journal of Sedimentary Research, 1979, 49 (1).

[186] Ekstrand S. Landsat TM based quantification of chlorophyll - a during algae blooms in coastal waters [J]. International Journal of Remote Sensing, 1992, 13 (10): 1913 - 1926.

[187] Ahlnäs K, Royer T C, George T H. Multiple dipole eddies in the Alaska Coastal Current detected with Landsat thematic mapper data [J]. Journal of Geophysical Research: Oceans (1978 - 2012), 1987, 92 (C12): 13041 - 13047.

[188] Vandeberg G S. Identification and characterization of mining waste using Landsat Thematic Mapper imagery, Cherokee County, Kansas [C]. 9th Billings Land Reclamation Symposium, Billings, MT, USA, 2003.

[189] Townshend J R, Justice C. Analysis of the dynamics of African vegetation using the normalized difference vegetation index [J]. Int J Remote Sens, 1986, 7 (11): 1435 - 1445.

[190] Han L, Rundquist D C. Comparison of NIR/RED ratio and first derivative of reflectance in estimating algal - chlorophyll concentration: a case study in a turbid reservoir [J]. Anglais, 1997, 62 (3): 253 - 261.

[191] Kharuk V, Ranson K, Kuz'michev V, et al. Landsat - based analysis of insect outbreaks in southern Siberia [J]. Canadian Journal of Remote Sensing, 2003, 29 (2): 286 - 297.

[192] Qari M, Madani A, Matsah M, et al. Utilization of ASTER and Landsat data in geologic mapping of basement rocks of Arafat area, Saudi Arabia [J]. Arabian Journal for Science and Engineering, 2008, 33 (1C): 100.

[193] Chuvieco E, Riano D, Aguado I, et al. Estimation of fuel moisture content from multi-temporal analysis of Landsat Thematic Mapper reflectance data: applications in fire danger assessment [J]. International Journal of Remote Sensing, 2002, 23 (11): 2145 - 2162.

[194] Rosenthal W, Dozier J. Automated mapping of montane snow cover at subpixel resolution from the Landsat Thematic Mapper [J]. Water Resources Research, 1996, 32 (1): 115 - 130.

[195] King R L, Wang J. A wavelet based algorithm for pan sharpening Landsat 7 imagery [C]. Geoscience and Remote Sensing Symposium, 2001 IGARSS'01 IEEE 2001 International: IEEE, 2001. 849 - 851.

[196] Liu J G. Evaluation of Landsat - 7 ETM+ panchromatic band for image fusion with multispectral bands [J]. Natural Resources Research, 2000, 9 (4): 269 - 276.

[197] Vanhellemont Q, Ruddick K. Turbid wakes associated with offshore wind turbines observed with Landsat 8 [J]. Anglais, 2014, 145: 105 - 115.

[198] NASA. Landsat 7 science data users handbook [J/OL]. 2000：430 – 415.

[199] Wang Y, Colby J, Mulcahy K. An efficient method for mapping flood extent in a coastal floodplain using Landsat TM and DEM data [J]. International Journal of Remote Sensing, 2002, 23 (18)：3681 – 3696.

[200] Reuter H I, Nelson A, Strobl P, et al. A first assessment of Aster GDEM tiles for absolute accuracy, relative accuracy and terrain parameters [C]. Geoscience and Remote Sensing Symposium, 2009 IEEE International, IGARSS 2009：IEEE, 2009. V – 240 – V – 243.

[201] Schaaf C B, Gao F, Strahler A H, et al. First operational BRDF, albedo nadir reflectance products from MODIS [J]. Anglais, 2002, 83 (1)：135 – 148.

[202] Huete A, Didan K, Miura T, et al. Overview of the radiometric and biophysical performance of the MODIS vegetation indices [J]. Anglais, 2002, 83 (1)：195 – 213.

[203] Loveland T, Belward A. The international geosphere biosphere programme data and information system global land cover data set (DISCover) [J]. Acta Astronautica, 1997, 41 (4)：681 – 689.

[204] Hansen M, DeFries R, Townshend J R, et al. Global land cover classification at 1 km spatial resolution using a classification tree approach [J]. International journal of remote sensing, 2000, 21 (6 – 7)：1331 – 1364.

[205] Running S W, Loveland T R, Pierce L L, et al. A remote sensing based vegetation classification logic for global land cover analysis [J]. Anglais, 1995, 51 (1)：39 – 48.

[206] Lotsch A, Tian Y, Friedl M, et al. Land cover mapping in support of LAI and FPAR retrievals from EOS – MODIS and MISR：Classification methods and sensitivities to errors [J]. International Journal of Remote Sensing, 2003, 24 (10)：1997 – 2016.

[207] Bonan G B, Levis S, Kergoat L, et al. Landscapes as patches of plant functional types：An integrating concept for climate and ecosystem models [J]. Global Biogeochemical Cycles, 2002, 16 (2)：515 – 523.

[208] Liang S, Fang H, Chen M. Atmospheric correction of Landsat ETM＋ land surface imagery. I. Methods [J]. IEEE Transactions on Geoscience and Remote Sensing, 2001, 39 (11)：2490 – 2498.

[209] 宋巍巍，管东生. 五种 TM 影像大气校正模型在植被遥感中的应用 [J]. 应用生态学报 2008, 19 (4)：769 – 774.

[210] Lee T Y, Kaufman Y J. Non – Lambertian Effects on Remote Sensing of Surface Reflectance and Vegetation Index [J]. IEEE Transactions on Geoscience and Remote Sensing, 1986, 24 (5)：699 – 708.

[211] Vermote E F, Saleoql N E, C. O. Justice, et al. Atmospheric correction of visible to middle – infrared EOS – MODIS data over land surfaces：Background, operational algorithm, and validation [J]. Journal of Geophysical Research Atmospheres, 1997, 102 (D14)：17131 – 17141.

[212] Kaufman Y J, Tanré D. Strategy for direct and indirect methods for correcting the aerosol effect on remote sensing：From AVHRR to EOS – MODIS [J]. Remote Sensing of

Environment, 1996, 55 (1): 65 - 79.

[213] Berk A, Bernstein L S, Robertson D C. MODTRAN: A moderate resolution model for LOWTRAN. [R]. 1987. Report No.

[214] Adler - Golden S, Berk A, Bernstein L, et al. FLAASH, A MODTRAN4 atmospheric correction package for hyperspectral data retrievals and simulations [C]. Proc 7th Ann JPL Airborne Earth Science Workshop, 1998. 9 - 14.

[215] Vermote E F, Tanré D, Deuze J - L, et al. Second simulation of the satellite signal in the solar spectrum, 6S: An overview [J]. Geoscience and Remote Sensing, IEEE Transactions on, 1997, 35 (3): 675 - 686.

[216] Masek J G, Vermote E F, Saleous N, et al. LEDAPS Landsat Calibration, Reflectance, Atmospheric Correction Preprocessing Code. In. ed. ORNL DAAC, Oak Ridge, Tennessee, USA.; 2012.

[217] Feng M, Sexton J O, Huang C, et al. Global surface reflectance products from Landsat: Assessment using coincident MODIS observations [J]. Anglais, 2013, 134: 276 - 293.

[218] Feng M, Huang C, Channan S, et al. Quality assessment of Landsat surface reflectance products using MODIS data [J]. Computers & Geosciences, 2012, 38 (1): 9 - 22.

[219] 袁中智, 邵景安, 陈晓玲. 基于信息分析理论的珠江河口及深圳湾悬浮泥沙时空变化分析 [J]. 资源科学, 2009, 31 (8): 1415 - 1421.

[220] Dai S B, Yang S L, Cai A M. Impacts of dams on the sediment flux of the Pearl River, southern China [J]. Catena, 2008, 76: 36 - 43.

[221] 吴创收, 杨世伦, 黄世昌, 等. 1954 - 2011 年间珠江入海水沙通量变化的多尺度分析 [J]. 地理学报, 2014, 69 (3): 422 - 432.

[222] 陆文秀, 刘丙军, 陈晓宏, 等. 珠江流域降水周期特征分析 [J]. 水文, 2013, 33 (2): 82 - 86.

[223] Doxaran D, Froidefond J - M, Lavender S, et al. Spectral signature of highly turbid waters _ application with SPOT data to quantify suspended particulate matter concentrations [J]. Remote Sensing of Environment, 2002, 81: 149 - 161.